创新与发展：专利导航系列丛书

于智勇　张忠强　刘春林　于凌崧　吴献廷／主编

先进陶瓷材料产业专利导航

王怀志　胡庆乙　于凌崧　李　检／主编

知识产权出版社
全国百佳图书出版单位

图书在版编目（CIP）数据

先进陶瓷材料产业专利导航/王怀志等主编．—北京：知识产权出版社，2019.6
（创新与发展：专利导航系列丛书/于智勇，张忠强，刘春林，于凌崧，吴献廷主编）
ISBN 978-7-5130-6231-2

Ⅰ．①先…　Ⅱ．①王…　Ⅲ．①陶瓷工业－工业产业－专利－研究－中国
Ⅳ．①G306.72②F426.71

中国版本图书馆 CIP 数据核字（2019）第 080099 号

内容提要

本书通过对先进陶瓷技术发展趋势、主要发达国家专利布局方向、重点企业技术发展方向、专利运用热点方向、企业协同创新重点方向等内容的分析，明确了先进陶瓷的发展方向，并基于淄博陶瓷产业园区的产业现状，对淄博的产业发展路径进行规划。本书可以帮助读者了解专利导航对于明晰产业大发展方向、现状定位和产业发展规划，引导企业进行专利布局、储备和运用，实现产业创新驱动发展。本书可作为知识产权（专利）从业人员的参考用书。

责任编辑：许　波　　　　　　　　　　　责任印制：刘译文

创新与发展：专利导航系列丛书
于智勇　张忠强　刘春林　于凌崧　吴献廷　主编

先进陶瓷材料产业专利导航
XIANJIN TAOCI CAILIAO CHANYE ZHUANLI DAOHANG

王怀志　胡庆乙　于凌崧　李　检　主编

出版发行：知识产权出版社 有限责任公司		网　　址：http://www.ipph.cn;		
电　话：010－82004826		http://www.laichushu.com		
社　址：北京市海淀区气象路 50 号院		邮　编：100081		
责编电话：010-82000860 转 8380		责编邮箱：xubo@cnipr.com		
发行电话：010-82000860 转 8101		发行传真：010-82000893		
印　刷：北京嘉恒彩色印刷有限责任公司		经　销：各大网上书店、新华书店及相关专业书店		
开　本：720mm×1000mm　1/16		印　张：12.75		
版　次：2019 年 6 月第 1 版		印　次：2019 年 6 月第 1 次印刷		
字　数：186 千字		定　价：58.00 元		

ISBN 978-7-5130-6231-2

前　　言

陶瓷材料是人类生活和现代化建设中不可缺少的一种材料。随着科技的发展和社会的进步，先进陶瓷已逐步成为新材料的重要组成部分，成为许多高新技术领域发展的关键材料。先进陶瓷，特别是以结构陶瓷、电功能陶瓷、磁功能陶瓷、生物功能陶瓷、光功能陶瓷为代表的五大类陶瓷材料，由于其特定的精细结构、高强度、高硬度、高耐磨性、耐腐蚀性、耐高温、导电性、绝缘性、压电效应、铁电性、磁性、透光性等，被广泛应用于国防、电子、机械、航空航天、生物医学、化工等领域，成为各工业发达国家竞相发展的新材料产业。

目前，在世界先进陶瓷市场中，美国和日本在研制和应用领域居于领先地位。美国每年投入数十亿美元，重点对结构陶瓷、生物陶瓷等进行研究。日本以其先进的制造设备、优良的产品稳定性逐步成为先进陶瓷国际市场的引导者，特别是在电功能陶瓷领域逐步垄断国际市场。欧盟各国同样对先进陶瓷，特别是结构陶瓷进行了重点研究。目前，中国的先进陶瓷产业正处于飞速发展期，但与国外先进陶瓷生产企业相比，仍然存在较大的差距，面临着需打破多项国外垄断和技术封锁的问题。首先是技术及新产品工程转化匮乏，中国能制备出性能良好的陶瓷材料，但是绝大部分仍停留在实验室样品上，无法规模化、产业化生产。其次是高端粉体制备及分散技术落后。

本书通过对先进陶瓷技术发展趋势、主要发达国家专利布局方向、重点企业技术发展方向、新进入者发展方向、专利运用热点方向、企业协同创新重点方向和高端研究团队研究方向的分析，明确先进陶瓷的发展方向，并基于淄博陶瓷产业园区的产业现状，对淄博的产业发展路径进行了规划。

目　　录

图　　录

表　　录

第1章

先进陶瓷产业发展现状及其产业专利控制力

1.1　产业定义

▶▶ 1.1.1　陶瓷材料简介及分类

陶瓷材料是人类生活和现代化建设中不可缺少的一种材料，它是继金属材料之后人们所关注的无机非金属材料中最重要的材料之一。我国是陶瓷的故乡，陶瓷材料在我国具有十分悠久的历史，最早可追溯到新石器时代。我们的祖先曾用他们聪慧的头脑和勤劳的双手为人类文明作出过杰出的贡献，当社会进入到信息时代的今天，陶瓷材料又以它崭新的姿态渗透到人们生活中的每一个角落。

陶瓷材料按照其性能和用途具体可分为两大类：传统陶瓷和先进陶瓷。传统陶瓷主要是从原料、材料、工艺技术与装备、产品及其使用功能等方面来看，都是"传统"的，而且往往具有悠久的历史背景和深远的文化渊源，一般用于日用、建筑、卫生等领域，如各种装饰性瓷器、瓷砖等，图 1-1 展示了传统陶瓷制品。

随着现代高新技术的发展，先进陶瓷已逐步成为新材料的重要组成部分，成为许多高新技术领域发展的重要关键材料，备受各工业发达国家的关注，其发展在很大程度上也影响着其他工业的发展和进步。由于先进陶瓷具有其特定的精细结构和高强、高硬、耐磨、耐腐蚀、耐高温、导电、绝缘、磁性、透光、半导体、压电、铁电、声光、超导、以及生物相容等一系列优良性能，而被广泛应用于国防、化工、冶金、电子、机械、航空、航天、生物医学等国民经济的各个领域。先进陶瓷的发展是国民经济新的增长点，其研究、应用、开发状况是体现一个国家国民经济综合实力的重要标志之一。

先进陶瓷是采用高度精选或合成的原料，具有精确控制的化学组成，按照便于控制的制造技术加工、便于进行结构设计，并且是有优异特性的陶瓷。按其特性和用途，可分为两大类：结构陶瓷和功能陶瓷。

3

图 1-1　常见的传统陶瓷制品——瓷器

结构陶瓷是能作为工程结构材料使用的陶瓷，它具有高强度、高硬度、高弹性模量、耐高温、耐磨损、抗热震等特性，在能源、航天航空、机械、汽车、冶金、化工、电子和生物等领域具有广阔的应用前景以及潜在的巨大经济和社会效益，因而受到各个国家的高度重视。

按照性能，结构陶瓷可分为高温陶瓷、高强陶瓷、超硬陶瓷以及耐腐蚀陶瓷，结构陶瓷的性能及应用，如表 1-1 所示[1]。

表 1-1　结构陶瓷的性能及应用分类

种　类	性　　能	应　　用
高温陶瓷	800℃以上长期使用，超高温短期使用	窑炉器件、柴油机等发动机、航空航天、空间技术等
高强陶瓷	高韧性、高强度、良好的抗冲击性	机床主轴轴承、密封环、模具等
超硬陶瓷	热稳定性、化学稳定性、弹性模量优良	高速磨削刀具、防弹装甲等
耐腐蚀陶瓷	优良的化学稳定性和耐冲刷性能	化工设备、舰船潜艇密封、金属液体防护、过滤陶瓷等

图 1-2 展示出了几种常见的结构陶瓷。按照组成成分，结构陶瓷可分为氧化物陶瓷、氮化物陶瓷、碳化物陶瓷、硼化物陶瓷等，表 1-2 展示出了结构陶瓷的几种具体成分。

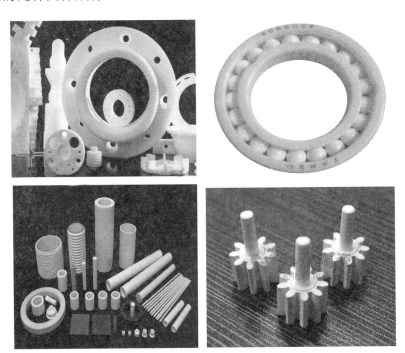

图 1-2　结构陶瓷的应用——耐磨陶瓷轴承、陶瓷齿轮

表 1-2　结构陶瓷的具体成分

结构陶瓷类型	具体成分
氧化物陶瓷	氧化铝、莫来石、增韧氧化锆、钻英石、钛酸铝等
氮化物陶瓷	氮化硅、赛隆、氮化铝、氮化硼等
碳化物陶瓷	碳化硅、碳化钛、碳化硼等
硼化物陶瓷	硼化钛、硼化锆等

功能陶瓷是指是以电、磁、光、声、热、力学、化学和生物等信息的检测、转换、耦合、传输、处理和存储等功能为其特征的陶瓷材料。外场（电、磁、力、热、光等）作用会诱发功能陶瓷材料的各种物理效应，如表 1-3 所示[2]。

表 1-3　功能陶瓷中的各种物理效应

输入	输出				
	电荷电流	磁化强度	应变	温度	光
电场	介电常数	电磁效应	逆电压	电卡（热）效应	电光效应
磁场	磁电效应	磁导率	磁致伸缩	磁卡（热）效应	磁光效应
应力	压电效应	压磁效应	弹性系数	—	光弹效应
热	热电效应	—	热膨胀	比热容	—
光	光电效应	—	光致伸缩		折射率

功能陶瓷材料所表现出的各种物理效应赋予功能陶瓷材料丰富的内涵，成为许多重要应用的基础，图 1-3 展示出了功能陶瓷的常见应用形式。

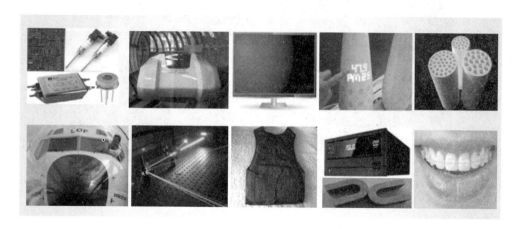

图 1-3　功能陶瓷的常见应用形式

功能陶瓷具有成分可控性、结构宽容性、性能多样性和应用广泛性等诸多特点，根据其组成的可控性和结构的宽容性，可以进行适当的组成选择和结构调整，从而获得从高绝缘性到半导体性、导电性甚至超导电性的材料。根据功能陶瓷的能量转换和耦合特性，可以制备具有包括压电、光电、热电、磁电和铁电等功能各异的材料和器件。根据对外场的敏感效应，可制备热敏、气敏、湿敏、压敏、磁敏和光敏等一系列敏感陶瓷材料。功能陶瓷在电、磁、光、热、力、化学、生物等信息的检测、转化、处理和存储显示中具有广泛的应用，是电子工业信息技术中基础元器件的关键材料，对于发展电子信息技术等许多高新技术领域有重要的战略意义。

功能陶瓷种类繁多，按照作用机理，具体可分为电功能陶瓷、磁功能陶瓷、光功能陶瓷、生物及化学功能陶瓷等几类，每一大类又分为几个小类，例如电功能陶瓷主要包括绝缘陶瓷、介电陶瓷、铁电陶瓷、压电陶瓷、半导体陶瓷、导电陶瓷、高温超导陶瓷等。电功能陶瓷、磁功能陶瓷、光功能陶瓷、生物及化学功能陶瓷的具体分类及应用如表 1-4～表 1-7 所示[2]。

表 1-4 电功能陶瓷的主要分类及应用

类别	成分举例	应用
绝缘陶瓷	Al_2O_3、BeO、Si_3N_4	IC 基板、封装、高频绝缘等
介电陶瓷	TiO_2、$CaTiO_3$	高频陶瓷电容器、微波器件等
铁电陶瓷	$BatiO_3$、$Pb(Mg_{1/3}Nb_{2/3})O_3$	陶瓷电容器、红外传感器、薄膜存储器、电光器件等
压电陶瓷	$Pb(zr,Ti)O_3$、$LinbO_3$	超声换能器、谐振器、滤波器、压电点火器、压电驱动器、微位移器等
半导体陶瓷	NTC	温度传感器、温度补偿器等
	PTC	温度补偿和自控加热元件等
	CTR	热传感元件
	压敏电阻 ZnO	浪涌电流吸收器、噪声消除、避雷器等
	SiC 发热体	小型电热器等
	半导性 $BaTiO_3$、$SrTi_3$	晶界层电容器等
快离子导电陶瓷	β-Al_2O_3、zrO_2	钠硫电池固体电介质、氧传感器、燃料电池等
高温超导陶瓷	Y-Ba-Cu-O、La-BaCu-O	超导器件等

表 1-5 磁功能陶瓷的主要分类及应用

类别	成分举例	应用
软磁铁氧体	Mn-Zn、Cu-Zn、Cu-zn-Mg	记录磁头、温度传感器、电视机、磁芯、电波吸收体
硬磁铁氧体	$BaFe_{12}O_{19}$、$SrFe_{12}O_{19}$	铁氧体磁石

续表

类别	成分举例	应用
微波铁氧体	$Y_3Fe_5O_{12}$、$LiFe_{2.5}O_4$	环形器、隔离器等微波器件
记忆用铁氧体	Li、Mn、Ni、Mg、Zn 与铁形成的尖晶石型铁氧体	计算机磁芯等

表 1-6 光功能陶瓷的主要分类及应用

类别	成分举例	应用
光功能陶瓷	透明 Al_2O_3 陶瓷	高压钠灯
	透明 MgOZr,Ti 陶瓷	照明或特殊灯管、红外输出窗材料
	透明 Y_2O_3-Th_2O_3 陶瓷	激光元件
	$(PbLa)(Zr,Ti)O_3$ 透明铁电陶瓷	光存储元件、视频显示和存储系统等

表 1-7 生物及化学功能陶瓷的主要分类及应用

类别	成分举例	应用
湿敏陶瓷	$MgCr_2O_4$-TiO_2、TiO_2-V_2O_5	工业湿度检测、烹饪控制元件等
气敏陶瓷	SnO_2、TiO_2、zrO_2、WO_3、ZnO	车传感器、锅炉燃烧控制、气体泄漏报警、气体探测等
载体用陶瓷	堇青石、Al_2O_3、SiO_2-Al_2O_3	汽车尾气催化载体、化学工业用催化载体、酵素固定载体等
催化用陶瓷	沸石、过渡金属氧化物	接触分解反应催化、排气净化催化等
生物陶瓷	Al_2O_3、羟基磷灰石	人造牙齿、关节骨等

▶▶ 1.1.2 陶瓷材料的产业链结构

陶瓷产业在我国具有悠久的历史，已经形成一整套成熟的产业链结构。陶瓷产业的产业链涵盖了陶瓷粉体制备、成型、烧结以及精密加工、封装形成器件等流程。陶瓷产业的上游包括陶瓷基础粉、配方粉、陶瓷粉体的生产设备、成型设备等；中游是陶瓷材料及其元器件，例如各种陶瓷材料制备的传感器、元器件等；下游应用行业包括消费电子类产品、通信通信、汽车工业、航天航空工业、机械制造业、生物医疗行业以及能源工业等。图 1-4 展示出了陶瓷行业的产业链结构[3]。

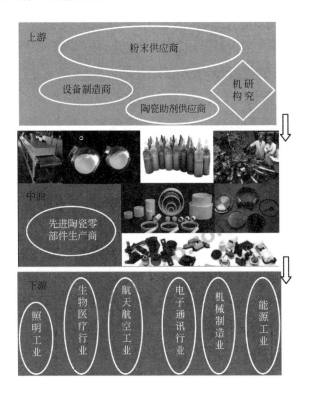

图 1-4 陶瓷行业的产业链结构

陶瓷粉体的制备是整个产业链的基础，粉体的特性对先进陶瓷后续成型和烧结有着显著的影响，特别是显著影响陶瓷的显微结构和机械性能。通常情况下，活性高、纯度高、粒径小的粉体有利于制备结构均匀、性能优良的陶瓷材料。陶瓷粉体的制备主要包含固相反应法、液相反应法和气相反应法3 大类。其中固相反应法特点是成本较低、便于批量化生产，但杂质较多，主要包括碳热还原法［碳化硅（SiC）粉体、氧氮化铝（AlON）粉体］、高温固相合成法（镁铝尖晶石粉体、钛酸钡粉体等）、自蔓延合成法［氮化硅（Si$_3$N$_4$）粉体等 300 余种］和盐类分解法［三氧化二铝（Al$_2$O$_3$）粉体］等。其中近几年兴起的冲击波固体合成法可以大大降低反应温度,提高粉体活性。

液相反应法生产的粉料粒径小、活性高、化学组成便于控制，化学掺杂方便，能够合成复合粉体，主要包括化学沉淀法、溶胶-凝胶法、醇盐水解法、水热法、溶剂蒸发法。

气相反应法包括物理气相沉积和化学气相沉积两种。与液相反应法相比，气相反应制备的粉体纯度高、粉料分散性好、粒度均匀，但是投资较大、成本高。随着纳米技术的发展，近 10 年来，粉体表面积大、球形度高、粒径分布窄等特点，为高性能陶瓷提供了基础保障。

先进陶瓷成型方法种类繁多，除了传统的干压成型、注浆成型之外，根据陶瓷粉体的特性和产品的制备要求，发展出多种成型方法。总的来说可以归纳为 4 类：干法压制成型、塑性成型、浆料成型和固体无模成型，其中每一类成形又可细分为不同成形方法。干法压制成型：干压成型、冷等静压成型；塑性成型：挤压成型、注射成型、热蜡铸成型、扎膜成型；浆料成型：注浆成型、流延成型、凝胶注模成型和原位凝固成型；固体无模成型：熔融沉积成型、三维打印成型、分层实体成型、立体光刻成型和激光选取烧结成型。

陶瓷粉体成型后形成陶瓷坯体，陶瓷坯体通过烧结促使晶粒迁移、尺寸长大、坯体收缩、气孔排出形成陶瓷材料，根据烧结过程中不同的状态，分为固态烧结和液相烧结。先进陶瓷的烧结技术按照烧结压力分，主要有常压烧结、无压烧结、真空烧结以及热压烧结、热等静压烧结、气氛烧结等各种压力烧结。近些年通过特殊的加热原理出现微波烧结、放电等离子烧结、自蔓延烧结等新型烧结技术[1]。

先进陶瓷属于脆性材料，硬度高、脆性大。由于陶瓷加工性能差，加工难度大，稍有不慎就可能产生裂纹或者破坏，因此不断开发高效率、高质量、低成本的陶瓷材料精密加工技术已经成为国内外陶瓷领域的热点。传统的陶瓷加工技术主要体现在机械加工，包括陶瓷磨削、研磨和抛光。近 20 年来，电火花加工、超声波加工、激光加工和化学加工等加工技术逐步在陶瓷加工中应用。精密加工的陶瓷成品经过封装后才能形成各种器件。陶瓷产品的制造流程如图 1-5 所示[3]。

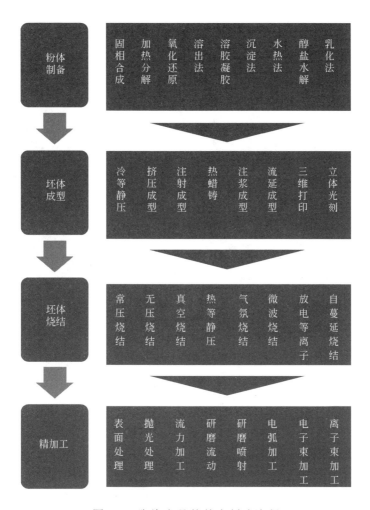

图 1-5　陶瓷产品的基本制造流程

1.2　产业发展现状

　　先进陶瓷由于具有良好的性能及广阔的应用前景，因而受到了世界各国的高度重视。近十几年来，世界先进陶瓷市场生产总值稳步增长，从 2005

年的六七百亿美元增长至今已达近 2000 亿美元,预测 2020 年可达 2600 亿～
3200 亿美元。表 1-8 展示出了世界先进陶瓷市场总值变化[3]。在世界先进陶
瓷市场中,美国和日本在研制和应用领域居于领先地位。美国联邦计划"先
进材料与材料设备"中每年用于包含新型陶瓷在内的材料的研究与工程费高
达 20 亿～25 亿美元。日本新型陶瓷以其先进的制造设备,优良的产品稳定
性逐步成为国际市场的引导者。欧盟各国,特别是德国、法国,之前主要在
结构陶瓷领域进行了重点研究,近年来,德国、法国、英国等国家也采取了
一些发展新材料的相应措施。

表 1-8　世界先进陶瓷市场生产总值变化　　（单位：10 亿美元）

年份	2005	2010	2015	2020（预测）
生产总值	60～75	100～120	160～175	260～320

并且,先进陶瓷产业已经进入到了快速发展期,图 1-6 展示出了中国
2010—2015 年先进陶瓷产值年平均增速,欧盟以 16.0%的平均增速位居世界
第一,超过了世界平均值,可见其从结构陶瓷到先进陶瓷的转型已初见成效;
我国以 10.0%屈居第二;美国和日本也分别以 9.9%和 7.2%的市场年平均增长
率保持着稳步增长[3]。

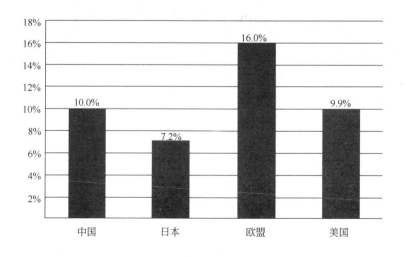

图 1-6　2010—2015 年世界先进陶瓷产值平均增速

　　由于经济、国防、航空等行业飞速发展的需要，我国也在逐渐将传统陶瓷的重心向先进陶瓷转移。就国内的陶瓷产业来看，中国先进型陶瓷的产值从上世纪九十年代到现在一直在稳步增长。图1-7展示出了我国1995—2015年间先进陶瓷专利申请量及产值对比，从该图不难发现，1995—2015年，我国先进陶瓷专利申请量大幅增加，从1995年的111件增加至2015年的7072件，短短20年增加了近70倍。与之对应，先进陶瓷的产值也逐年增加，1995年，产值仅有75亿元人民币，而到2015年，产值高达450亿元人民币[3]。

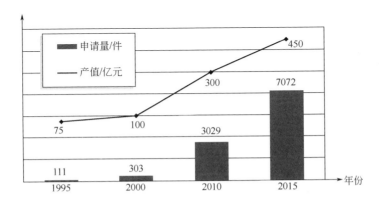

图1-7　中国1995—2015年先进陶瓷专利申请量及产值对比

　　国家和各省市政府在政策层面高度重视，国务院发布的《"十二五"国家战略性新兴产业发展规划》，发改委发布的《当前优先发展的高技术产业化重点领域指南》，山东省、广东省、四川省、福建省等的《"十二五"战略性新兴产业发展规划》《山东省政府关于加快培育和发展战略性新兴产业的实施意见》均有涉及，可见先进陶瓷材料对新兴产业的发展具有重要的意义。

　　专利是市场的试金石，在先进陶瓷的知识产权保护方面，国家知识产权局、工业和信息化部、国家工商行政管理总局、国家版权局联合发布了《关于加强陶瓷产业知识产权保护工作的意见》，强调了功能陶瓷领域知识产权保护的必要性和重要性。

　　在国家、各省市大力发展先进陶瓷的浪潮中，山东省更是走在了行业的前列，各级政府对先进陶瓷的发展提供了有利政策。山东省淄博市作为全国唯一的"新材料名都"、"国家火炬计划先进陶瓷产业基地",新型功能陶瓷材料产业基础雄厚,产业链完善,产业空间优化集聚,品牌影响力日益突出,企业竞争力、技术领先性、市场占有率等方面居于国内领先水平,是国家新材料产业的重要组成部分。国家批准淄博市建设新型功能陶瓷材料产业区域集聚发展试点,是国家探索加快战略性新兴产业发展的新模式和新机制、促进战略性新兴产业集聚发展的重要举措,有利于优化全国战略性新兴产业发展模式和空间布局,对于国家战略性新兴产业全面协调可持续发展具有重要的推动作用。实施新型功能陶瓷材料产业集聚发展试点建设工作是淄博市加快转变经济发展方式的重要突破口,也是实施"加减乘"促转调创的重要抓手,对于带动全市战略性新兴产业集聚发展、培育区域产业结构升级和经济增长的新动力、推动老工业城市转型升级和持续健康发展具有重大作用。同时,新型功能陶瓷材料产业集聚发展试点将极大促进新材料产业关键技术突破,对于增强淄博"新材料名都"的影响力、提升我国在新型功能陶瓷材料领域的话语权和国际竞争力具有重要战略意义。

自 2014 年新型功能陶瓷产业集聚试点建设以来,在国家政策和地方政府的引导下,淄博新型功能陶瓷产业正逐渐摆脱以量取胜的老路,下定决心走高精尖的新型功能陶瓷材料产业之路。一直以来,淄博市坚持把科技创新和平台建设作为推动产业发展和提升产业发展质量的重要途径。2015 年全年研发投入达 36 亿元,比 2014 年增长 34.3%,占销售收入比例可达 5.85%。淄博也十分重视知识产权的保护,2015 年涉及陶瓷的专利申请量接近 400 件,其中超过 70%的专利申请涉及先进陶瓷。

尽管淄博市目前的新型功能陶瓷正处于飞速发展期,但与国外先进陶瓷生产企业相比,仍然存在着较大的差距,目前仍然面临着多项国外技术垄断和技术封锁的问题。国内先进陶瓷总体水平在以下几个方面与美国、日本和德国相比存在一定的差距。

第一方面,技术及新产品工程转化比较匮乏。我国同样也能制备出性能良好的陶瓷材料,但是绝大部分仍停留在实验室样品上,产品由于成本高及可靠性等问题还不能被市场所接受,所以产品的销售额与发达国家相比相差较远。

第二方面,高端粉体制备及分散技术相对落后。例如,高纯氧化铝粉,日本企业99.99%氧化铝粉烧结温度只需1300℃,而国内要到1600℃以上。国内企业在粉料质量上仍存在较大的波动。

第三方面,制造装备加工技术比较落后。我国引进了一些国外先进的工艺装备来提高技术装备水平,但由于投资大,给企业造成了很大的经济压力。而国内的仿制设备由于加工水平的差距,可靠性和稳定性暂时无法与国外产品相比。

1.3 产业专利控制力

专利在产业发展中发挥极其重要的作用,往往是产业发展的基础。因此,作为导航分析研究的基础,本节将分析专利对于先进陶瓷产业的控制力。

▶▶ 1.3.1 专利布局与技术发展如影随形

专利文献是技术的直接载体,通过专利文献可以直观反映技术的发展趋势。图1-8是先进陶瓷产业技术伴随专利发展的示意图,可以看出,每一项先进陶瓷产业的重大革新,都在专利布局上有及时反映。早在1954年,Jaffe等试制成功了$PbZrO_3$-$PbTiO_3$二元系固溶型压电陶瓷,这就是锆钛酸铅(简称PZT)压电陶瓷的最早出现。由于PZT压电陶瓷具有优异的压电、介电和光电等电学性能,广泛地应用于电子、航天等高技术领域,Jaffe等于1963年申请专利。在1965年公开的美国专利US3219583A中,记载了一种由掺杂的PZT铁电陶瓷制备的换能器,其具有良好的压电性能。

燃料电池是把燃料所具有的化学能直接转换为电能的新机种,效率高,对环境的影响小。然而，传统的燃料电池一般使用液体作为电解质，稳定性差，效率低，极大的制约了燃料电池的发展。早在 1969 年，Alles 等在专利 US3551209A 中，将固体陶瓷电解质用于燃料电池，极大地提高了燃料电池的效率及容量。

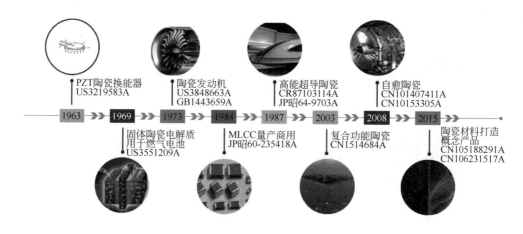

图 1-8　先进陶瓷产业技术伴随专利发展的示意图

发动机是汽车的核心，在传统柴油机或燃气轮机用的金属零件中，铝合金的耐温极限为 350℃，钢和铸铁的耐温极限为 450℃，最好的超级耐热合金的耐温极限也不能超过 1093℃。金属材料的上述耐温极限大大限制了发动机的工作温度及热效率。而使用各种冷却装置又使发动机设计复杂，增加重量且耗费许多功率。长期以来，人们在寻觅一种理想的材料来代替发动机用的金属材料。设想一种汽车，它车体轻盈，功率强劲，能以 500km 的时速奔驰，无需冷却，而且节省燃料，有害废气极少。这就是陶瓷发动机所展示的美好前景。陶瓷，尤其是氮化硅和碳化硅陶瓷具有高温强度、耐蚀性和耐磨性，用它来制造发动机当前早已成为世界各国奋力追求的目标。美国福特汽车公司是最早从事陶瓷发动机研究的公司之一，在其 1974 年公开的专利 US3848663A 以及 1976 年公开的专利 GB1443659A 中，使用陶瓷材料制备发动机的核心和壳体，由此得到极其耐用的引擎。1977 年，该公司用氮化硅和碳化硅陶瓷制造了一台全陶瓷车用燃气轮机，并进行了运转试验，燃气温度为 1230℃，转速为 50000r/min。

随着电子产品小型化进程的快速发展，电子元器件的小型化和微型化需求凸现出来，结构紧凑的陶瓷电容器受到青睐。为了增加小体积元件中的电荷容量，在一个元件中，介质材料与电极夹层化和多层化的设计得到普及。MLCC（多层陶瓷电容器）从 20 世纪 90 年代初期开始规模化生产，每年以30%以上的速度增加，到 2004 年已经成为电容器的主流。在全世界 14000 亿只电容器中，仅陶瓷电容器就达到了 12000 亿只以上，而 MLCC 达到 6000亿只以上，大约占据了电容器市场的半壁江山。日本村田、韩国三星以及荷兰飞利浦均是 MLCC 的老牌厂商，在 1985 年公开的专利 JP 昭 60-235418A中，详细描述了一种 MLCC 的生产方法，这标志着 MLCC 进入大规模量产阶段。

自 1986 年 4 月美国 IBM 公司苏黎世研究室 J.G.BednORz 等发现由钡、镧、铜、氧组成的金属氧化物在 30K 温度条件下实现了超导之后，全球对于高温超导材料的研究进入白热化阶段。我国和日本在超导材料方面的研究一直处于世界前列。中国科学院长春应用化学研究所在其 1987 年申请的专利 CN87103114A 中，公开了一种钡-钇-铜-银-氧五元体系超导陶瓷，可在液氮温区实现超导，极大地扩大了超导陶瓷的应用领域，具有极其广阔的应用前景。日本 TDK 株式会社提交的专利申请 JP 昭 63-270341A中，公开了一种超导陶瓷氧化物的制备方法，该超导陶瓷氧化物具有较高的临界温度。高温超导陶瓷主要用于超导磁悬浮列车的制造。

进入 21 世纪，陶瓷材料向着低维化、复合化以及多功能化、智能化方向发展。众所周知，陶瓷材料具有耐高温、耐磨损、质量轻等优异的晶体性能，在各行各业被广泛使用，但陶瓷材料最大的缺点就是韧性差，而碳纳米管是新兴的一种材料，其弹性模量与金刚石相当，拉伸强度为高强度钢的 100 倍，且具有很高的韧性，利用碳纳米管独特的力学性能，在陶瓷制备过程中加入一定量的碳纳米管，可以极大程度地提高陶瓷材料的断裂韧性，且可展现出其它意想不到的性能。中国科学院上海硅酸盐研究所于 2003 年提交的专利 CN1514684A 中记载了一种具有微波吸收功能的碳纳米管/陶瓷复合材料及制备方法，其在二氧化硅、氧化铝、氮化硅、氧化锆等陶瓷体系中加入碳纳米管，制备出的复合材料不仅具有高强、高硬、高化学稳定性、耐高温的优点，且韧性较高，还具有微波吸收的特点，可用于隐形飞机的涂层。中国铝业股份有限公司以及西北工业大学分别于 2008 年和 2009 年申请的专利 CN101407411A 以及 CN101503305A 中记载了一种具有自愈合功能的复合陶瓷材料及其制造方法，通过在陶瓷材料中加入碳化硅，提高陶瓷复合材料的韧性，并使其具有自愈合的功能，极大地提高了陶瓷材料的使用寿命，可用于航空发动机的部件。

陶瓷制品精美绝伦，例如传统陶瓷制造的茶具、花瓶、瓷瓶等让人赏心悦目。随着社会的进步，先进陶瓷材料已经用于打造日常使用的美轮美奂的物品。小米公司于 2016 年推出了全新的超窄边框概念手机小米 MIX，其具有全陶瓷机身，并使用悬臂梁压电陶瓷振动代替传统的听筒，从而极大地提高了手机的屏占比，小米 MIX 美轮美奂，是目前全球屏占比最高的手机。小米公司分别在 2015 年和 2016 年提交的专利申请 CN105188291A 和 CN106231517A 中记载了手机所使用的陶瓷机身以及悬臂梁压电受话器，这两件核心专利是小米 mix 推出的基础。

由此可见，技术的发展与专利密不可分，重大技术的突破必然有重要专利的布局。专利的发展是技术发展的直观体现，通过专利分析可以清晰地了解先进陶瓷的技术发展脉络。

▶▶ 1.3.2 专利成为先进陶瓷产业竞争中的关键因素

1. 美日通过核心专利掌握先进陶瓷的关键技术

图 1-9 展示出了先进陶瓷产业的核心专利来源，如图所示，美国和日本在先进陶瓷的各技术分支均拥有较多的核心专利，在先进陶瓷的研制和应用

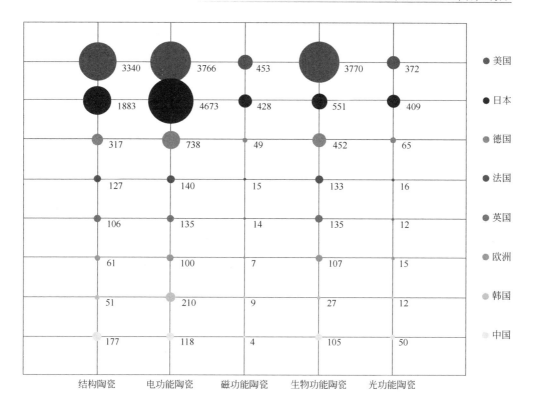

图 1-9 先进陶瓷产业核心专利原创国分布（单位：件）

领域居于领先地位，主导产业竞争的格局。相对而言，德国、法国、英国、韩国和中国的核心专利数量较少。美国的研究热点集中在结构陶瓷、电功能陶瓷以及生物功能陶瓷领域，而日本的研究热点集中在结构陶瓷和电功能陶瓷。虽然我国的核心专利数量较少，但是，从核心专利的数量可以看出，我国的研究热点也基本集中在结构陶瓷、电功能陶瓷和生物功能陶瓷。具体而言，在结构陶瓷方面，美国掌握 3340 件核心专利，位居首位，日本达到 1883 件位居第二，其他国家相对较少，德国有 317 件，中国以 177 件排名第四，法国和英国也分别达到了 127 件和 106 件，韩国相对较少，仅 51 件。日本一直以来都是电功能陶瓷的传统强国，其电功能陶瓷核心专利数量达 4673 件，位居世界第一，美国以 3766 件紧随其后，德国以 738 件位居第三位，其他国家则相对较少，韩国达到 210 件，法国和英国分别是 140 件和 135 件，中国的核心专利也达到 118 件。磁功能陶瓷的核心专利数量相对较少，美国和日本分别拥有 453 件和 428 件，其他国家基本都在 50 件以下，中国仅拥有 4 件，在磁功能陶瓷领域相当薄弱。在生物功能陶瓷方面，美国拥有 3770 件核心专利，超过全球总量的 70%，远超其他国家，拥有绝对的优势，日本和德国分别以 551 件和 452 件位列其后，中国拥有 105 件，与法国和英国数量相差不大；在光功能陶瓷方面，日本以 409 件位居第一，美国以 372 件紧随其后，美国和日本的总量超过全球总量的 82%，其他国家则相对较少，都在百件以下。从图 1-9 可以看出，不管哪种类型的先进陶瓷，美国和日本均拥有绝对优势，几乎独占了全球的核心专利，掌握了先进陶瓷的核心技术。

2. 美国和日本通过核心专利控制先进陶瓷市场

图 1-10 展示出了各国拥有的核心专利数量与其在先进陶瓷领域所占市场份额对比。美国是全球拥有先进陶瓷核心专利最多的国家，高达 11701 件，日本位居其后，拥有 7944 件，美国和日本的核心专利总和超过全球总量的 86%，欧洲三国（包含法国、德国和英国）拥有 2342 件，亚洲两国（包含中国和韩国）拥有 763 件。日本和美国分别占全球先进陶瓷市场份额的 46% 和 39%，日本的市场份额高于美国，主要是因为在五大陶瓷中，电功能陶瓷的市场份额最大，而日本拥有最多的电功能陶瓷核心专利，是全球电功能陶瓷最大的市场。美国和日本垄断了全球 85% 的市场份额，与其所拥有的 86% 的全球核心专利基本对应。欧洲和亚洲分别占有 10% 和 4% 的市场份额。

3. 发达国家在中国的专利控制力

随着中国经济的崛起，越来越多的国家意识到中国是先进陶瓷产业的巨大市场，世界先进陶瓷巨头争相在中国进行专利布局以期控制中国国内先进陶瓷市场。图 1-11 展示出了外资申请人与国内申请人在华核心专利申请量对比。从该图可以看出，外资申请人在华核心专利申请量在各个分支均高于国内申请人在结构陶瓷领域，外资申请人在华拥有 304 件核心专利，国内申请人拥有 177 件；在电功能陶瓷方面，外资申请人在华拥有 517 件，而国内申请人拥有 113 件，外资申请人所拥有的数量是国内申请人的近 5 倍；磁功能陶瓷方面的核心专利数量较少，外资申请人拥有 33 件，国内申请人仅拥有 2 件；生物陶瓷方面，外资申请人与国内申请人差距较小，分别拥有 139 件和 105 件；在光功能陶瓷方面，外资申请人和国内申请人分别拥有 83 件和 50 件。不难看出，外资申请人在华的专利布局基本集中在结构陶瓷和电功能陶瓷领域。掌握核心专利意味着掌握行业的核心技术，国内企业要想发展，必须尽早进行专利布局，设法突破外资企业在中国设置的层层壁垒。

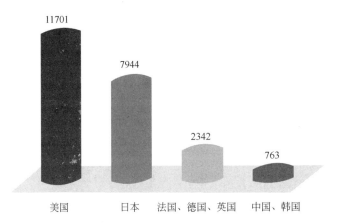

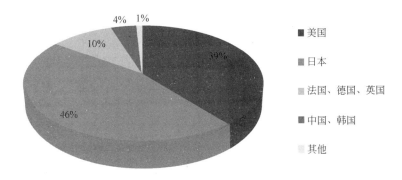

图 1-10　各国核心专利数量与其市场份额对比

4. 龙头企业通过核心专利控制先进陶瓷市场

先进陶瓷产业的一些龙头企业也在积极进行专利布局，图 1-12 展示出了国内外主要申请人核心专利拥有量对比。如图 1-12 所示，国外申请人核心专利的拥有量远高于国内申请人，其核心专利数量是国内申请人的数十倍，甚至数百倍。日本村田是电子陶瓷行业的领军者，其以 692 件的申请量高居第一，日本碍子株式会社和 TDK 株式会社位居其后，分别持有 490 件和 398 件核心专利，核心专利持有量的前三甲均被日企占据。美国通用电器以 370 件位居第四。而国内申请人所拥有的核心专利数量非常少，即使是排名第一的清华大学，也仅拥有 15 件。

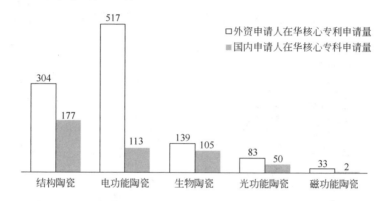

图 1-11　外资申请人与国内申请人在华核心专利申请量对比

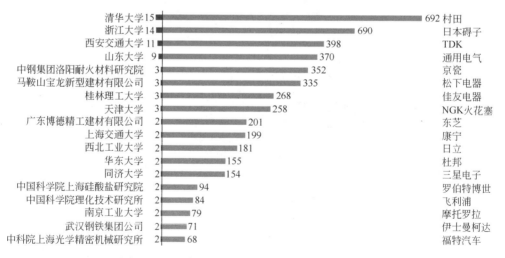

图 1-12　国内外主要申请人核心专利数量对比

先进陶瓷产业的龙头企业几乎全部是专利市场的先行者，只有掌握核心专利才能掌握核心技术，只有掌握核心技术才能在市场占有一席之地，而占有市场才能产生高额的利润。图 1-13 展示出了日本几大龙头企业 2015 年度营收-利润对比图。日本村田是全球最大的电功能陶瓷生产厂商，也拥有最多的核心专利数量。在电功能陶瓷领域，村田以 21% 的市场份额排名第一，村田公司制造的产品包括电容器、电感器、电阻、滤波器、SAW 元件、热敏电阻等，几乎涵盖了所有的电功能陶瓷器件，尤其是在多层薄膜电容器（MLCC）领域，全球市场占有率一直高于 20%，在高端市场的占有率更高，如在 0402、100μF 的高容 MLCC 的市场占有率基本保持在 40% 左右。较高的市场占有率给村田制造带来了丰厚的利润，2015 年销售额超过 88 亿美元，营业利润高达 17.16 亿美元。由于拥有较多的核心技术，村田的利润率高达 19.3%，远远超过平均水平。

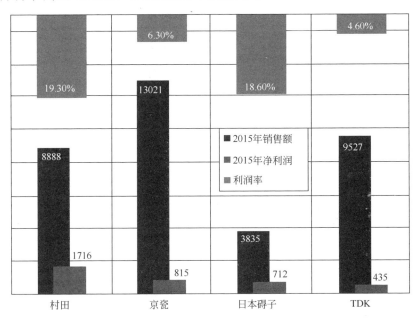

图 1-13　日本先进陶瓷龙头企业 2015 年度营收-利润对比图

日本京瓷是全球第一的精密陶瓷制造商，业务范围遍及精密陶瓷零部件、半导体零部件、精密陶瓷日用产品、电子元器件、通信设备和信息设备等，也是全球最大的结构陶瓷制造商，2015 年销售额超过 130 亿美元，净利润高达 8.15 亿美元。

日本碍子株式会社和 TDK 株式会社位居其后，2015 年利润分别达到 7.12 亿美元和 4.35 亿美元。上述几家企业几乎垄断了电子陶瓷市场，这与其积极进行核心专利布局是分不开的。

▶▶ 1.3.3 专利运营与高额利润密切相关

专利诉讼是专利在市场竞争中体现其作用的重要方式，是其对市场控制力最强有力的表现。拥有核心技术的企业，纷纷拿起专利大旗保护自己的权益。

2004 年，意大利西法尔股份公司诉佛山市美嘉陶瓷设备有限公司侵犯其发明专利；2008 年，东鹏陶瓷诉山东淄博某公司侵犯其发明专利及实用新型专利，并最终胜诉，法院判决被告赔偿东鹏陶瓷的损失并立即停止生产侵犯专利权的产品；2013 年 5 月，世界 500 强法国行业巨头——欧洲耐火材料公司请求宣告中国雅安远创陶瓷有限责任公司名为"硅酸锆陶瓷喷砂珠"的专利权无效，并起诉该公司专利侵权，索赔 2000 万元，2012 年度雅安远创陶瓷公司的销售额大约有 4000 万元，但是到了 2013 年对方提起侵权诉讼后，当年的销售额一下子跌到 200 万元；同年，3M 在德国杜塞尔多夫提起两项专利侵权诉讼，以作为向牙科行业授权使用 3M 陶瓷牙体修复着色专利技术的长期计划的一部分，并防止其技术被非授权用户使用，该案最终胜诉，法院判决德国牙科企业 Direkt 向 3M 赔偿高额的专利侵权费用。

随着先进陶瓷产业的兴起，国内企业的专利保护意识也越来越强。景德镇鹏飞建陶有限公司于 2014 年 1 月成立了国内首家陶瓷行业知识产权维权中心，同年 3 月牵头组织 56 家陶瓷企业联合成立景德镇陶瓷企业知识产权维权联盟，维权联盟目前已吸引了省内外 83 家陶瓷企业加盟。

近年来，淄博高新区知识产权紧紧围绕创建国家知识产权示范园区的目标，以推进企业自主创新知识产权化为重点，积极实施知识产权战略，把知识产权专业服务融入到企业发展，着力提升企业的核心竞争能力，知识产权创造、运用、保护和管理能力大幅提升，知识产权服务于科技创新的能力显著增强，营造了有利于知识产权创造的创新环境。2013 年，高新区被国家知识产权局确定为先进陶瓷材料产业知识产权集群管理工作试点单位，经过三年多的发展，知识产权对集聚区产业发展的促进作用明显，提高了集聚区企业科技创新的有效性，大幅提升了科技创新的层次，增强了企业之间的相互协作，提升了企业市场竞争力。集聚区企业的发明专利申请量和授权量均有大幅度增长，发明创造能力显著增强。2015 年 4 月，淄博高新区又被国家知识产权局确定为国家知识产权示范园区，为高新区进一步推进知识产权强区战略、促进知识产权保护和运用、加快提升产业核心竞争力提供了一个强大的支撑。2016 年 10 月，淄博高新区先进陶瓷产业知识产权联盟成立大会暨揭牌仪式在高创中心举行，宗旨是加强联盟成员知识产权保护意识，提高联盟成员知识产权保护和运用能力，提升联盟成员自主创新能力和核心竞争力，促进知识产权持续健康发展，推动高新区先进陶瓷产业整体知识产权战略的实施。主要目标是建立知识产权信息共享平台，增强联盟成员的自主创新能力；建立知识产权协同保护机制，为联盟成员知识产权保护和运用提供交流及综合服务平台；建立成员间的协作机制，共同维护联盟成员的知识产权合法权益。淄博高新区将进一步以联盟建设为契机，深化产业专利协同运用，充分发挥企业专利的价值，为知识产权与资本、产业的结合探索更加成熟的路子，使知识产权进一步发挥支撑创新驱动发展的作用。

由此可见，专利在先进陶瓷产业领域发挥着重要的作用，一方面可以有效保护技术成果，更重要的是，通过专利分析可以清晰地捕获技术发展态势，利用专利布局有效地主导竞争格局，借助专利运营成功地牟取商业利润，最终实现市场掌控。

第 2 章

先进陶瓷产业
发展方向与导航

专利制度的运行原则是以专利信息的公开换取专利权利的保护。一方面，信息公开为产业创新发展提供了重要的决策依据，据世界知识产权组织统计，全世界每年发明创造成果的 90%～95%公开发布在专利文献中。利用专利信息可以缩短约 60%的研发时间和节省 40%的研发费用。另一方面，权利保护为产业创新发展提供了持续的驱动力保障，专利导航产业、创新发展机制是有效运用专利制度的两大功能，以产业的视角，对专利包含的技术、法律和市场等信息进行深度挖掘，把握产业链中关键领域的核心专利分布，明晰产业发展方向、格局定位和升级路径，从而引导企业进行专利布局、储备和运营，实现产业创新驱动发展。

2.1　产业结构方向调整

专利信息分析表明，全球先进陶瓷产业发展与专利布局密切相关，主要体现在以下几个方面：首先，从全球先进陶瓷产业分工转移趋势来看，先进陶瓷产业的格局变动与专利布局的趋势变化如影随形；其次，从全球先进陶瓷产业技术突破历程来看，先进陶瓷产业的技术突破与专利布局紧密相伴；再次，从全球先进陶瓷产业产品更替发展来看，全球先进陶瓷产品的创新方向与专利布局的重点、热点完全吻合；最后，从全球先进陶瓷产业龙头企业地位来看，企业的市场竞争方向和地位与其专利布局方向和专利实力高度匹配。总体上看，发达国家通过全球范围布局的专利数量，特别是核心专利数量的优势，实现了对先进陶瓷产业高端产品的市场控制，并取得国际市场的定价话语权，同时影响着产业技术的发展方向。我国也以专利实力的增强进行产业突围，全球先进陶瓷产业的专利实力初步反映了我国区域竞争实力和企业竞争地位。

接下来将从总体发展态势、重点国家/地区专利布局方向、主要申请人发展方向、新进入者布局方向、专利运用热点方向、企业协同创新方向等方面入手，研判产业未来的发展方向。

▶▶ 2.1.1 总体发展态势

1. 先进陶瓷全球专利申请态势

图 2-1 展示出了先进陶瓷全球专利申请态势。截止到 2015 年 12 月 31 日，先进陶瓷全球专利申请总量为 197099 项。早在 20 世纪 50 年代，就已经有了先进陶瓷技术的专利申请，先进陶瓷全球专利申请经历了从无到有，从个位数的年度申请量到每年涌现上千篇的专利申请，伴随着先进陶瓷技术的日臻成熟，以及先进陶瓷技术在产业应用中的不断发展，这些专利申请在各不同制度的国家，为全世界的研发者的权益保驾护航，成为发明人的知识产权财富。

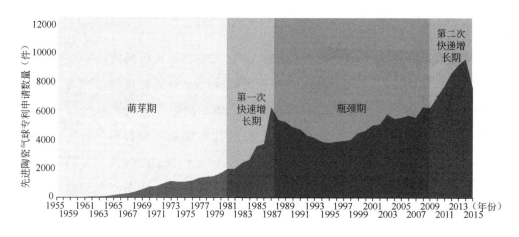

图 2-1　先进陶瓷全球专利申请态势

从 1955 年出现第一项先进陶瓷专利申请开始，很长时间内，年申请量处于较低水平，且较为不稳定，这与先进陶瓷技术在这一段时间正处于萌芽阶段、发展较为缓慢的趋势有关。在这种缓慢爬坡式发展中，一直到 1987 年达到年申请量 6314 项，达到了一个尖峰，这表明进入 20 世纪 90 年代，先进能陶瓷技术完成了一定的积累，专利布局逐渐活跃，这段时间可以说是先进陶瓷技术的储备期。此后一直延续到 2007 年，年申请量均保持在低于 6000

项的水平，这一段时期申请量进入瓶颈期，申请量没有有效的增长而是一直在振荡起伏。

从 2008 年开始，先进陶瓷申请量开始呈现出迅猛增长的态势，到 2014 年，达到惊人的 9642 项，是 2007 年的 1.72 倍。究其原因，这段时间申请量的激增与先进陶瓷技术在产业中的需求推动息息相关。其中，中国专利申请量的增长不可忽视，随着国内经济发展的需要，各个企业、高校以及科研院所纷纷抓紧布局先进陶瓷产业，随之而来的专利申请量也就水涨船高，这段时间可看作是先进陶瓷技术的快速发展期。

2. 五大分支占比

先进陶瓷的发展主要以电功能陶瓷、结构陶瓷、生物陶瓷、磁功能陶瓷和光功能陶瓷这五大类陶瓷为代表，图 2-2 展示出了先进陶瓷中这五大分支申请量占比情况。从该图可以看出，在接近 20 万件的先进陶瓷专利中，电功能陶瓷占比最高，占到总量的44%，成为先进陶瓷中最大的技术分支。日本一直以来都是电功能陶瓷的传统强国，以日本为代表的申请人在这一领域十分活跃。其次是结构陶瓷，其申请量约 6 万件，美国掌握 3340 件核心专

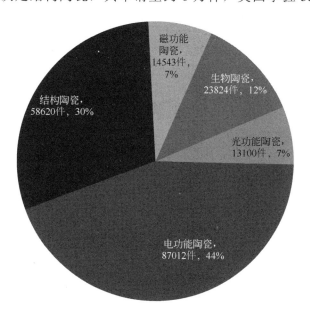

图 2-2 先进陶瓷五大分支申请量占比

利，位居首位。电功能陶瓷和结构陶瓷两者达到了先进陶瓷总量的74%。其他生物陶瓷、光功能陶瓷和磁功能陶瓷总体只占申请总量的26%，其中生物陶瓷占比12%，磁功能和光功能陶瓷均占据7%的份额。

通过占比图可以看出，电功能陶瓷和结构陶瓷的专利产出最高，相应的，其在市场上的份额也最大，应用最广，是专利布局的重点。

3. 一级分支全球专利申请态势

图2-3给出了电功能陶瓷、结构陶瓷、生物陶瓷、磁功能陶瓷和光功能陶瓷这五大类陶瓷申请量随时间变化情况，从申请趋势上看，可以将五大分支的申请趋势分成两类。第一类包括：电功能陶瓷、结构陶瓷和磁功能陶瓷。其在趋势上具有一致性：这三类陶瓷起步较早，并且在上世纪九十年代有一个申请高峰出现，随后一直持续到2009年左右均在反复调整状态，在2009年到2015年迎来第二个申请高峰，持续到现在。第二类包括：生物陶瓷和光功能陶瓷。其起步较晚，其申请趋势分为两个阶段：首先在上世纪五十年代到1999年，处于缓慢增长期；第二阶段从新世纪开始，一直到2015年，处在爆发式增长阶段，其中生物陶瓷从2003年开始就保持每年1200件左右的申请量，而光功能陶瓷则一直处于爬坡状态中。从五大分支申请量变化趋势中，可以发现不同技术分支的技术成长度是不同的。

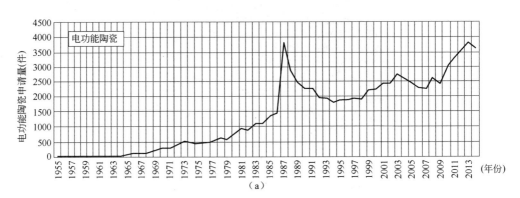

（a）

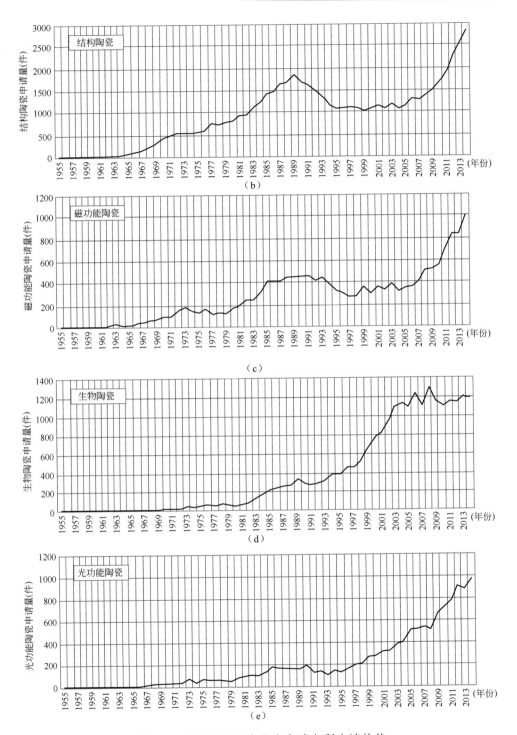

图 2-3　先进陶瓷五大分支全球专利申请趋势

4. 技术领域布局分析

从前述分析中可以看出，五个技术分支处在不同的发展阶段，不同时期呈现的热点不同。为了展现出最近几年的技术热点，针对 2011—2015 年的申请进行了统计分析，统计了五大分支中 2011—2015 年申请量的变化情况，并与先进陶瓷申请总量进行了对比，结果如图 2-4 所示。图中，横轴表示先进陶瓷的五大技术分支，柱形图表示专利申请量，折线图的百分比表示五年申请量占申请总量的占比，从趋势上来看，光功能陶瓷在近年技术发展中一枝独秀，五年占比达到了 33%。光功能陶瓷对化学组成、相结构、制备工艺及性能要求最为苛刻，随着生产工艺的进步，光透明陶瓷作为激光介质已经从理论阶段走向工业应用，因此是近些年技术突破的重点。相比较而言，电功能陶瓷、结构陶瓷近五年占比均为 20%，这主要原因是，电功能陶瓷、结构陶瓷经过多年的申请量的积累，体量大、很难出现重大的技术突破；生物陶瓷和磁功能陶瓷近五年占比均为 23%，略高于电功能陶瓷和结构陶瓷。

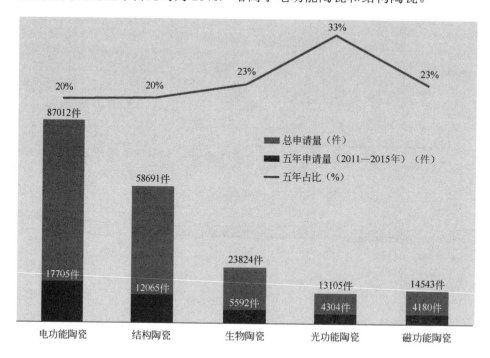

图 2-4　先进陶瓷五大分支五年发展趋势

5. 技术集中度分析

专利技术集中度分析是专利指标中定性分析的重要指标。专利技术集中度体现了在某一个技术领域，专利技术是否集中在某几个企业手中、该技术领域中是否存在行业巨头，因此技术集中度体现的是申请人的数量分布情况。技术集中度通常用百分比来表示，分值越高则说明该领域申请人越多，该技术集中度也就越差。图 2-5 展示出了先进陶瓷五个技术分支的技术集中度情况，其中横坐标为时间段，纵坐标表示申请人数量占比。图中可以发现，电功能陶瓷专利技术集中度在这 16 年中变化比较缓慢，原因在于：首先，电功能陶瓷申请人绝对值较大，近年来申请人增长比例不明显；其次，电功能陶瓷行业具体分类庞杂，例如绝缘陶瓷、介电陶瓷、半导体陶瓷、压电陶瓷、超导陶瓷等，导致行业技术集中度不高。而结构陶瓷、光功能陶瓷和磁功能陶瓷相对比较单一，在最近八年有着迅猛的增长，增长比率已经攀升到37%、37%和44%，技术集中度降低。相比较而言，生物陶瓷的技术集中度经过 2000 年至 2008 年的攀升后，近几年停滞不前，与其他四类陶瓷相比技术集中度较高。

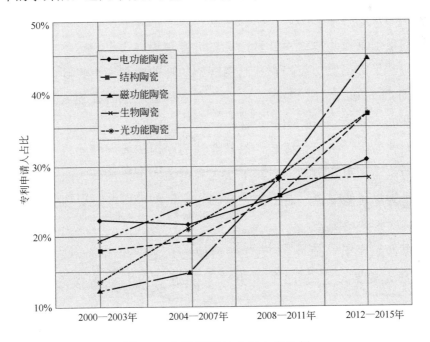

图 2-5　先进陶瓷技术集中度分析

▶▶ 2.1.2 重点国家/地区专利布局方向

1. 各国一级分支申请总量数据

通过对重点国家的分析，可以了解重点国家的专利布局热点，进而了解重点的产业发展重点和未来的发展方向。通过对国家和地区的专利数据进行统计，我们得到图 2-6 所示的气泡图。从该图中我们可以看出各重点申请国的技术优势和侧重情况，明晰目标市场的专利布局情况，同时也能看出各国家的技术实力对比。

从各国的布局重点来看，日本将专利布局的重点集中在电功能陶瓷，其专利申请量达 49000 余件，结构陶瓷也是日本的发展重点，达 26000 余件，其次依次为磁功能陶瓷 8900 余件、光功能陶瓷 5100 余件，生物陶瓷专利布局最少为 4000 余件。

美国专利布局与日本存在较大的不同，从整体看，美国将研究的重点集中在生物陶瓷、电功能陶瓷和结构陶瓷，尤其需要说明的是，美国在生物陶瓷领域的申请量最高，达 7400 余件，这恰好与美国在生物医学领域的龙头地位相匹配，美国在电功能陶瓷和结构陶瓷领域的专利申请也较高，分别为：7300 余件和 6500 余件。美国在光功能陶瓷和磁功能陶瓷领域的专利申请不多，分别为 1200 余件和 1400 余件。

欧洲的德国、法国和英国，以及亚洲的中国和韩国同样将发展的重点集中在电功能陶瓷和结构陶瓷，其中法国和英国的申请量最大的分支为结构陶瓷，其次为电功能陶瓷，而中国、德国和韩国的申请量最大的分支为电功能陶瓷，其次为结构陶瓷。

纵向比较来看，在电功能陶瓷领域，日本一家独大，超过了其他国家的总和，是排名第二的中国申请量的近三倍，其次为美国、德国、韩国。

在结构陶瓷领域，仍然是日本领先，但是差距不再是如此巨大，中国在该领域的发展强劲，具有一定的优势，排名第二，其次为美国、德国、韩国。

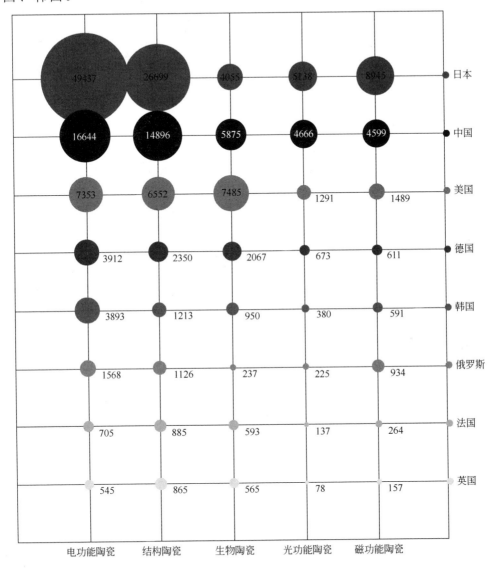

图 2-6   重点国家一级分支申请量（单位：件）

在生物陶瓷领域，美国处于领域地位，排名第一，中国排名第二，其次为日本、德国、韩国。

在磁功能陶瓷和光功能陶瓷领域，同样是日本排名第一、中国排名第二，其次为美国、德国、韩国。

总体来看，日本、中国、美国是申请量最大的前三名。电功能陶瓷和结构陶瓷在各个国家均是重点布局申请对象。但是在电功能领域，日本优势明显。中国与日本相比，电功能陶瓷差距较大，结构陶瓷的差距相对较小，具有追赶的趋势。值得注意的是，美国将研究的重点放在了生物陶瓷领域，美国科技发达，技术先进，是未来科技的引领者，美国的动向值得我们关注。

1. 各国一级分支申请占比变化趋势

统计各个国家在一级技术分支下的专利申请变化趋势（分母为一个国家的申请总量），从众多申请国家中，我们选择了具有一定代表性的中、美、德、日四个国家，图 2-7 展示出了四个国家一级分支申请趋势。从美国、德国、日本、中国的申请趋势上来看，德国是最早提出申请的国家，1957 年就提出了首件专利申请。随后的两三年内，美国和日本也相继有了先进陶瓷的专利申请出现，而且最早出现的技术分支均为电功能陶瓷和磁功能陶瓷，电功能陶瓷起步早而且申请量非常庞大。1985 年中国国家专利局刚刚受理专利申请之时，中国科学院等单位就已经申请了相关专利。

从总体申请趋势来看，日本的专利产出高峰在 20 世纪 80 年代末 90 年代初，在这一时期，日本在电功能陶瓷、结构陶瓷、生物陶瓷等领域达到历史高峰，之后就呈现下降态势。

美国在先进陶瓷领域经历了两个高峰，分别为 20 世纪 80 年代末 90 年代初以及 2005 年前后，2005 年前后的专利申请达到历史峰值。

德国是从 20 世纪 80 年代末开始一直维持在一个相对较高的水平，近些年开始呈下降态势。

相比较而言，中国的发展虽然起步较晚，但是增长强劲，近几年的去陶瓷领域的专利申请量已经超越了其他各国。

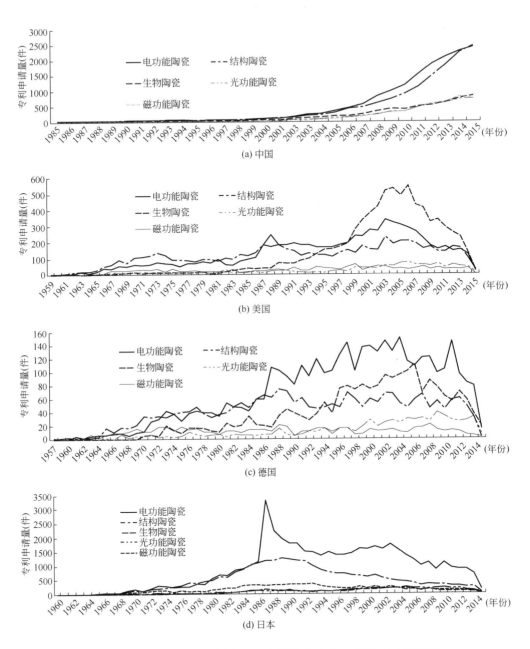

图 2-7 中国、美国、德国、日本的国家重点一级分支申请趋势

▶▶ 2.1.3 主要申请人发展方向

通过对主要申请人、特别是龙头企业的分析，可以清楚龙头企业的布局重点方向。图 2-8 展示出了各一级分支主要申请人排名。从各个分支的全球范围内的专利申请数量排名来看，专利实力较强的企业往往就是全球产业链中的跨国巨头企业，如村田、京瓷、TDK、日立、松下、住友等，在各个产业环节专利数量都较多的企业，也是全球产业竞争中的优势企业，专利实力与企业的竞争地位一致。这些跨国巨头企业充分利用专利布局抢占技术最高点，控制着高端制品及应用方面的核心技术和高端产品市场。国外这些龙头企业占据技术和产品的高端，在全球进行了大量的专利布局。以京瓷为例，其专利布局除了维护其在材料、工艺环节的传统优势之外，在电功能、结构陶瓷应用技术等方面调整趋势较为明显，比重日趋增加。国外龙头企业以技术创新和专利布局占据产业上游高附加值端，以专利保护和运营、标准制定、品牌塑造、消费引导占据产业下游高附加值端。

众多先进陶瓷领域的龙头企业中，尤其以村田、京瓷和 TDK 三家龙头企业的实力最为突出，图中示出了三家龙头企业的重点发展方向，从专利布局的重点方向来看，村田的重点发展方向在电功能陶瓷，TDK 的重点发展方向在电功能陶瓷和磁功能陶瓷，京瓷的重点发展方向在电功能陶瓷和结构陶瓷。

综合三大龙头企业的发展重点来看，电功能陶瓷、结构陶瓷和磁功能陶瓷是他们重点的发展方向。

▶▶ 2.1.4 新进入者分布方向

一个行业或一个新兴技术的兴起必然会带来蜂拥而至的新进入者，新进入者会申请大量的专利来增强自己的实力，因此通过分析先进陶瓷各技术分支的新进入者数量，就可以揭示技术热点。我们将新进入者定义为十年间（2006—2015 年）在某个技术分支中新出现的申请人，通过统计其申请人的数量，以及申请人提交的专利申请数量，得到全球新进入者主要技术分布。

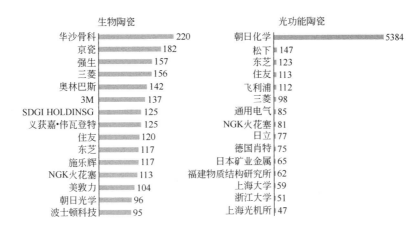

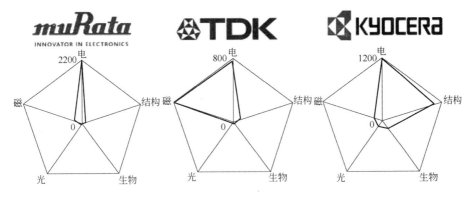

图 2-8 一级分支主要申请人排名（单位：件）

1. 近十年来的新进申请人

如图 2-9 所示，新进入者中数量最多的是结构陶瓷申请人，数量达到了 9000 多，这些新进入者带来了巨量的申请，达到 3 万多件，几乎相当于其他四个技术分支的总和。其次是电功能陶瓷，新进申请人数量 7000 多，而申请量不及结构陶瓷的一半。排名第三的是光功能陶瓷，新进入者数量为 4500 余人，申请量达 13000 余件，磁功能陶瓷和生物陶瓷领域的新进入者和新进入者申请量相对较少。

总体来看，结构陶瓷和电功能陶瓷是新进入者涌入集中的方向，尤其是结构陶瓷领域，新进入者数量最高，而新进入者的专利申请量尤其高，其可能的原因是，结构陶瓷领域的进入门槛相对较低。

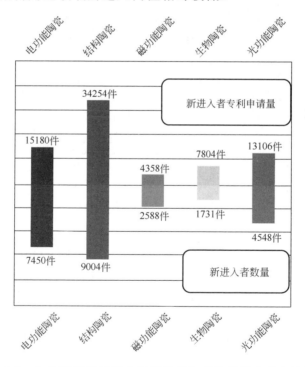

图 2-9　先进陶瓷领域近十年间新进入者数量及专利申请量

2. 一级分支新进申请人排名

如图 2-10 所示，全球的新进申请人在不同领域差别比较明显，在电功能陶瓷、结构陶瓷和磁陶瓷领域，全球的新进入者中，中国申请人占据绝对地位，不同的是，电功能陶瓷领域中中国高校申请人居多，结构陶瓷方面中国企业申请和高校申请基本平分秋色。其中结构陶瓷新进申请人中排名第一的就是位于淄博本地的山东理工大学，而且申请量也达到了200以上，领先第二名中钢集团洛阳耐火材料研究院3倍多，可以说优势十分明显。在生物陶瓷和光功能陶瓷领域，国外申请人积极参与，其中不乏传统优势企业，说明其有研发热点、新技术的出现。

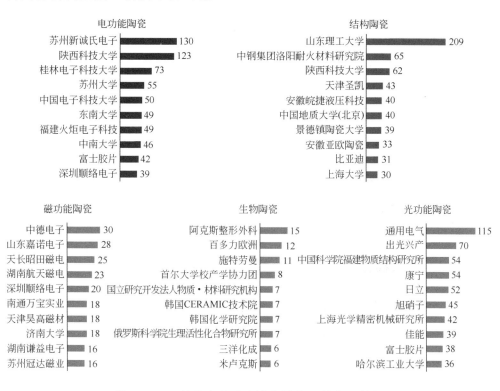

图 2-10 一级分支新进申请人排名（单位：件）

从先进陶瓷新进入者统计分布来看，近几年来，面对跨国巨头的专利控制，中国先进陶瓷产业也正进行积极的突围，新的申请人不断涌现，专利申请量连创新高。在一些高端技术上，也有较多的突破，但目前总体实力还较弱，尚不足以发挥出以专利控制力的提升增强全球产业发展话语权地位的作用。

申请专利的目的就是要利用专利获得经济收益或保持市场竞争优势，通过专利运营谋求获取最佳经济效益，广义地说，专利诉讼、无效、许可、转让均是专利运用的具体体现，项目组通过统计全球专利的法律状态，获得了五个一级技术分支的专利转让、专利诉讼、异议/无效数据，具体数据如图 2-11 所示。针对全球专利转让数据，我们进行了手工筛选，去除了转让人为个人、受让人为公司的申请。得到的结果是电功能陶瓷转让次数最多，但考虑其庞大的申请基数，在电功能陶瓷领域专利转让并不是最活跃的。生物陶瓷转让次数达到 1254 次，虽然其绝对数量不大，但生物陶瓷申请总量在 23824 件，可见生物领域转让比较活跃。结构陶瓷、生物陶瓷和磁功能陶瓷转让量均在 1000 次左右。

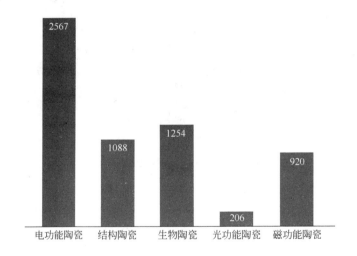

图 2-11　全球先进陶瓷专利转让情况（单位：次）

全球先进陶瓷专利诉讼和异议/无效数据如图 2-12 所示。可以看到在先进陶瓷领域，相比于整体专利数量，专利诉讼量并不多，这说明市场竞争不激烈，专利诉讼不是这一领域解决纷争的主要手段。异议/无效同诉讼一样，数量稀少，光功能和磁功能陶瓷方面更是趋近于零。只有结构陶瓷的异议/无效量较多，达到接近 90 件，然而，相比结构陶瓷全球接近 6 万件的申请数量而言，异议/无效占比微乎其微。

综合来看，电功能陶瓷、生物陶瓷和结构陶瓷专利转让数量多，在诉讼/异议方面结构陶瓷数量相对较多。

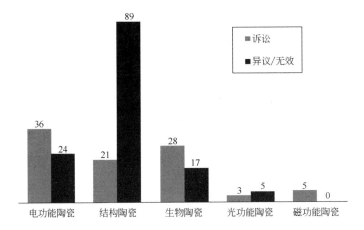

图 2-12　全球功能陶瓷专利诉讼和异议/无效情况（单位：件）

▶▶ 2.1.6　企业协同创新

目前在一些技术重点、难点方向上，一些跨国巨头也联合其他企业协同创新，进行合作申请专利，申请人合作指标反映了专利申请人之间存在的技术联合研发情况。在前瞻性技术开发中，为了降低风险，企业会采用联合研发，共同申请的方式，分散风险来投入。

项目组统计了先进陶瓷五个技术分支的企业合作申请的数量情况，如图 2-13 所示。图中，蓝色块是合作申请数量，红色块是总申请量，比率线是合作申请占申请总量的百分比。

从图中可以看出，电功能陶瓷和结构陶瓷分支中合作申请数量相对较高，分别为 7253 件和 5789 件；生物陶瓷，光功能和磁功能陶瓷三个技术分支，合作申请量与其技术分支的总申请量呈现正相关，合作申请数量分别为 3835 件、1254 件和 497 件。

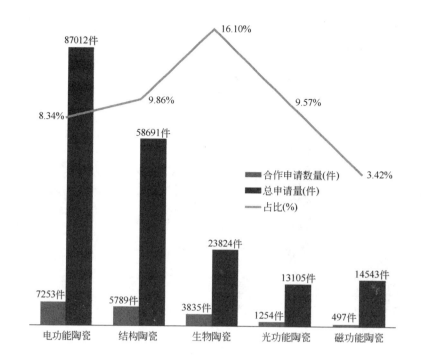

图 2-13   全球功能陶瓷专利合作申请情况（单位：件）

具体到电功能陶瓷，全球排名前十五的企业中，日本企业占据了 13 席，可以说日本企业在电功能陶瓷领域独霸全球的局面已经形成。同时，在一些关键技术上，这些日本企业之间互相联合，开展技术合作，以共同申请人的形式展现企业协同创新，申请了大量的专利，因此电功能陶瓷领域共同申请数量也相对较高。日本企业之间的抱团合作，使其保持了业内领先的地位。

磁功能陶瓷由于朝日化学工业一家独大，其申请量高达 5000 多件，因此合作申请比率最低。

需要指出的是，生物陶瓷领域合作申请占比最高，可能的原因是生物陶瓷跨领域、跨学科，需要的合作比较多。

结构陶瓷也是合作申请比较突出的领域，具体体现在日本企业之间的互相合作比较多。下面以日本京瓷公司为例说明企业间如何进行合作申请，以及相互合作的具体体现。通过专利数据统计分析，我们将与京瓷进行过合作申请的公司按照上、中、下游进行了简单分类，得到表 2-1。

从该表不难发现，行业巨头这一级别的公司，在五个一级分支上均有合作申请。以京瓷为例，在电功能陶瓷方向合作申请最多，合作申请人也最多。京瓷公司在五个分支中的合作申请中，首选合作对象主要是日本企业和研发机构，透过京瓷合作的方式，可以窥见，在日本国内，先进陶瓷企业已经形成了强强联合，保持优势的传统。

从产业链的上、中、下游来看，京瓷与高校、科研机构的合作研发均在上游，包括与东京大学、早稻田大学、日本东北大学等日本著名的学府合作开展上游材料的研发；在中游领域，主要与元器件企业的合作，在下游与NTT（日本电报电话公司）、丰田、本田等公司合作，可见，京瓷控制的领域横跨上、中、下游。其实力最强的电功能陶瓷和结构陶瓷领域在全产业链上均有合作申请，其重视程度可见一斑。

表 2-1　京瓷在各个领域的合作申请人

领域	电功能陶瓷	结构陶瓷	磁功能陶瓷	生物陶瓷	光功能陶瓷
上游	东京大学 早稻田大学 日本东北大学 公益财团法人国际超电导产业技术研究中心 株式会社荏原制作所	CENR RES INST OF ELECTRIC POWER IND 独立行政法人产业技术所 独立行政法人科学技术振兴机构	贝勒医学院	日本东北大学 东京首都大学 佐贺大学	—
中游	日本原子能机构 大真空株式会社 电装株式会社 日本涂料株式会社 日本电话电报公司 株式会社迪思科	第一稀元素化学工业株式会社 易威其玻璃 川崎	—	生物宇宙株式会社	—

领域	电功能陶瓷	结构陶瓷	磁功能陶瓷	生物陶瓷	光功能陶瓷
下游	兄弟工业株式会社 株式会社尼康 东京天然气公司 卡西欧电子 丰田 日立	松下 昭和电机株式会社 京瓷美达株式会社 精细陶瓷技术公司 丰田 本田	—	美敦力 新田明胶株式会社	英特尔 法藤公司 奥特可株式会社 日本电报电话公司 三和电器工业株式会社

▶▶ 2.1.7 确定产业结构调整方向

前面几节中，项目组围绕先进陶瓷产业的发展阶段、特点和专利分析需求，找到了先进陶瓷产业专利分析切入点，选择专利分布情况、技术发展趋势、重点国家布局方向、各个技术领域新进入者情况、各个技术领域专利无效/转让/诉讼情况、跨国巨头企业的重点布局情况、企业协同创新情况等方面构建专利分析框架，为淄博先进陶瓷发展提供详实的专利信息情报。

对前几节的专利分析数据进行了总结，并针对五大技术分支进行了星级评定，结果列于表 2-2 中。从专利分析数据可以看出，结构陶瓷申请量大，覆盖技术领域广泛，且近年来发展迅猛，新进入者集中在这一领域，属于发达国家重点布局方向，国际上主要的陶瓷企业均在结构陶瓷的技术研发中投入大量精力。此外，基于淄博产业园区的产业现状，从产业升级难易程度、资源利用有效性等角度，建议淄博产业园将结构陶瓷作为产业链发展主要技术，将结构陶瓷作为产业发展方向。

表 2-2 先进陶瓷各分支发展分析

项目	电功能陶瓷	结构陶瓷	磁功能陶瓷	生物陶瓷	光功能陶瓷
专利分布	√	√			
技术发展趋势		√	√		√
重点国家布局方向	√	√			
新进入者比例		√			

项目	电功能陶瓷	结构陶瓷	磁功能陶瓷	生物陶瓷	光功能陶瓷
专利运营	√	√		√	
龙头企业发展方向	√	√	√		
企业协同创新		√		√	√

2.2　结构陶瓷产业调整方向

结构陶瓷又称作精细陶瓷，由于其具有耐高温、耐冲刷、耐腐蚀、高硬度、高强度、低蠕变速率等优异的力学、热学、化学性能，被人们广泛应用于各个领域，在对元件精密度、耐磨耗、可靠度等条件越来越严苛的环境下，人们对结构陶瓷的研究日益重视，其在各个产业中所带来的经济推动作用也日益凸显。接下来从产业链结构调整方向、技术发展方向、产业布局热点方向以及龙头企业重点发展方向四个方面对结构陶瓷产业链进行精细的方向导航。

➤➤ 2.2.1　结构陶瓷产业链总体态势

从本报告第 2 章第 2.1 节专利数据可以看出，结构陶瓷申请量大，覆盖技术领域广泛，且近年来发展迅猛，国际上主要的陶瓷企业均在结构陶瓷的技术研发中投入大量精力；此外，基于淄博产业园区的产业现状，从产业升级难易程度、资源利用有效性等角度，对结构陶瓷进行精细分析，并定位产业发展方向。

按产业链分布划分，将结构陶瓷产业划分为上、中、下游，其中上游涵盖结构陶瓷的原材料及生产制备工艺和设备等，按照结构陶瓷的主要成分将上游具体划分为：氮化硅陶瓷、氧化铝陶瓷、碳化硅陶瓷、氧化锆陶瓷、氧化硅陶瓷和氧化镁陶瓷等；结构陶瓷的中游产业涵盖由各陶瓷材料制成的元器件或陶瓷制品，按照结构陶瓷制品类型将中游具体划分为：切削工具、汽车发动机元件、耐热材料、轴承、陶瓷阀、光纤光缆、催化载体、导热器件及其他器件；结构陶瓷下游产业涵盖各类陶瓷器件、材料的应用，具体可将结构陶瓷的下游产业划分为机械加工领域、电子通信领域、汽车领域、国防军工领域、航空航天领域、环保领域等。

首先，从结构陶瓷上游、中游和下游的专利申请总量来看结构陶瓷的发展情况，由图2-14上、中、下游三级分支申请量占比可知，结构陶瓷上游的专利产出最高，达37000余件，占据整个结构陶瓷专利产出的56%；其次是结构陶瓷中游产业，专利量达近20000件，占整个结构陶瓷专利产出的30%；相对而言，结构陶瓷下游的专利申请量最少，为9000余件，占结构陶瓷专利总产出的14%。可见，总体来看，上游是研发和专利产出的重点，这与先进陶瓷材料的产业特点相吻合，在先进陶瓷的发展过程中，通常是新材料的发明带动新器件的发展，进而带动下游的发展。

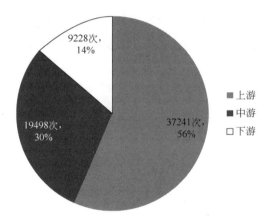

图 2-14 结构陶瓷上、中、下游三级分支申请量占比

其次，图2-15是结构陶瓷上游、中游和下游的专利申请趋势，据此来看结构陶瓷的发展情况，可以看出：

（1）结构陶瓷上、中、下游申请量随时间变化趋势与先进陶瓷总的申请量变化趋势均相近，申请量在1989年前后均有一个明显的增长，随后迅速下降。技术的发展总是波浪式前进，先进陶瓷经过前期缓慢的技术积累，在八十年代末获得了一定的技术突破，进而吸引大量申请人的关注，引发包括结构陶瓷等先进陶瓷相关专利申请量的激增,而随后由于新的技术瓶颈或者其他市场因素,导致陶瓷产业的研发热度降低,最终包括结构陶瓷等的专利总申请量呈现下降的趋势。

(2)自 2000 年起,结构陶瓷申请量呈现逐年递增的趋势且增长趋势强劲,这期间结构陶瓷的研发力度越来越多,不同的结构陶瓷层出不穷,并且应用领域越来越广泛,导致结构陶瓷的研发热度逐年增加,新一轮的陶瓷技术快速发展期逐渐显现。

(3)比较结构陶瓷上游、中游和下游的申请趋势,可以看出,在每次快速发展的初始阶段都是上游首先起步,之后是中游和下游,一定程度上反映出,该产业是通过上游的技术进度和突破带动中游和和下游的发展。此外,在结构陶瓷产业链中,上游申请量在绝大部分年份中均高于中游和下游的申请量,这说明在结构陶瓷领域中,专利研发主要集中在陶瓷原料的研发和制备方面,通过不断开发,研制新的陶瓷原料和制备工艺。

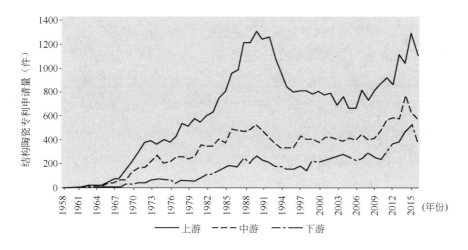

图 2-15　结构陶瓷上、中、下游的专利申请量随时间变化趋势

为了更好地体现近年来产业链中各部分技术发展情况,对上、中、下游专利技术申请量和活跃度进行统计对比,见表 2-3。其中,活跃度是指:2011—2015 年平均申请量与 2006—2015 年平均申请量的比值,其体现专利技术近期的发展走向和热度,对产业结构调整方向起到引导作用。

表 2-3　上、中、下游申请量及活跃度

领域	申请量（项）	活跃度
上游	37241	1.13
中游	19498	1.15
下游	9228	1.24

通过对比可以发现，结构陶瓷上游、中游活跃度水平相近，呈弱增长趋势；申请量均没有较大幅度的增长，说明近年来结构陶瓷产业仍然处于缓慢发展的态势。下游产业的活跃度相对较高，可能的主要原因是在先进陶瓷产业的多元化、智能化的整体发展带动下，先进、成熟的陶瓷材料、元件等逐渐渗透到下游产业，从而带动了下游产业近年来的快速发展。随着技术的不断突破，可以预见，下游产业的发展将会有更加广阔的空间。

▶▶ 2.2.2　结构陶瓷的技术发展方向

结构陶瓷作为先进陶瓷的一个重要分支，在其技术发展的过程中经历了多次革新和突破，为了更好地把握和解读结构陶瓷产业链发展趋势和热点分布等情况，需要对结构陶瓷的发展过程进行了解，图 2-16 展示出了结构陶瓷的技术发展脉络。

由于具有耐磨、高强度等特性，结构陶瓷最早被应用于刀具等切削元件中。1905 年，德国最早投入到氧化铝陶瓷刀具的研制过程中，1912 年，英国研制出首款氧化铝陶瓷刀。随着结构陶瓷研究的不断深入，结构陶瓷主要应用领域从最初的军事领域逐渐发展到民用结构陶瓷，同时从最初偏重于陶瓷材料的制备发展到对陶瓷粉体、显微结构等的系统分析。

20 世纪 60 年代美国教材顾问委员会对材料制备领域进行了调研，得出的重要结论是："为了实现材料均匀的、可重复的无缺陷显微结构，提高材料性能的可靠性，陶瓷制备科学研究十分必要。"20 世纪 70 年代，美国开始了对陶瓷发动机进行研究（见专利 US3683625A、US3848663A 等），随后日本（见专利 JP48041988A、JP48041991A 等）德国（见专利 DE2255792A1、DE2263082A1 等）等也加入到陶瓷发动机的研制过程中。结构陶瓷主要以陶瓷电热塞、陶瓷预燃室、涡流室、陶瓷排气道衬、陶瓷转子、陶瓷挺柱、陶瓷涡轮、陶瓷气门、陶瓷活塞等元件形式应用到发动机中。随着陶瓷材料性能的提升，结构陶瓷元件也逐渐投入到商业生产中，以陶瓷发动机为背景，各国竞相加大了对陶瓷材料研究与开发的投入。

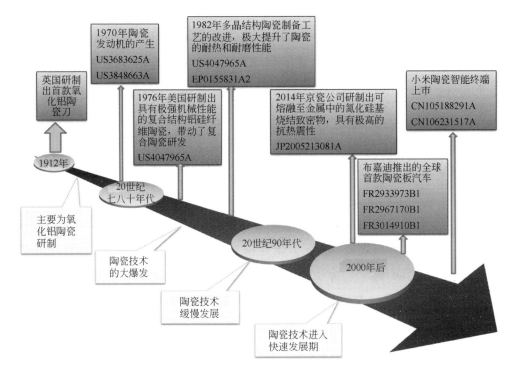

图 2-16　结构陶瓷的技术发展脉络

20 世纪 70 年代到 80 年代出现了大量的结构陶瓷材料相关的专利申请，其中，以专利 US4047965A 为代表的复合结构铝硅纤维具有极强的机械性能，专利 US4314827A、EP0155831A2 等公开了多晶结构陶瓷制备工艺，极大提升了陶瓷的耐热和耐磨性能，为结构陶瓷应用领域的拓展奠定了坚实基础。这一期间，随着材料研究的深入，带动了中游产品的研发并在日后广泛被应用到各个下游领域，例如陶瓷阀（见专利 US4010775A、DE2615041A1

等），陶瓷光纤（见专利 JP50104212A、US4118211A 等）陶瓷催化载体（见专利 DE2450664A1、US3931050A 等）陶瓷轴承（见专利 US3711171A、US3874680A）。

进入 20 世纪 90 年代，由于陶瓷研究缺乏突破性技术，各国将结构陶瓷上研究步伐放缓。直至 90 年代末，随着纳米陶瓷、复合陶瓷等制备工艺的成熟、以及新型陶瓷成型工艺的涌现，结构陶瓷技术再次进入到快速生长期，结构陶瓷大量应用到商业生产中，例如近年来出现的陶瓷手机、陶瓷汽车等。2004 年京瓷公司研制出一种氮化硅基烧结致密物，将该氮化硅陶瓷熔融到金属中可获得极高的抗热震性陶瓷部件，应用领域广泛（见专利 JP2005213081A、WO2006057232A1）。随着结构陶瓷材料的不断改进，结构陶瓷各项性能得到不断提升，不断渗透到民用产业中，如 2011 年布嘉迪推出的全球首款陶瓷板汽车（见专利 FR2933973B1、FR2967170B1、FR3014910A1），2016 年上市的陶瓷智能终端外壳（见专利 CN105188291A、CN106231517A）。其中，布嘉迪公司推出的陶瓷汽车采用新型陶瓷材料打造，车身内外整体大部分采用陶瓷打造，如车身外壳、涡轮、刹车片等关键部位中应用到了结构陶瓷材料（如碳基陶瓷复合材料）。此外，在陶瓷材料的运用方面得到了柏林皇家陶瓷（KPM）等企业的技术支持，布嘉迪公司将结构陶瓷在汽车领域的应用中发挥到极致。随着结构陶瓷上游材料的不断更新、改进，必将不断丰富陶瓷产业中游元件种类，进而不断拓宽下游产品种类和应用领域。

►► 2.2.3 产业布局热点方向

图 2-17 展示了结构陶瓷三级分支申请量与活跃度的对照，由上述图可以看出以下三点。

（1）上游产业中，从申请总量来看，以氧化铝、碳化硅、氧化锆以及氮化硅为主的陶瓷材料的专利申请总量占据了上游总申请量的近一半，即这四种材料的研发是结构陶瓷上游产品的研发热点和主要研发方向，其中以氧化铝为主要成分的专利申请量最大，占上游总申请量的近 1/5，可见，以氧化铝为主要基质的陶瓷材料的研制为上游研发的重点；从活跃度来看，氮化硅以及碳化硅的活跃度略高于氧化铝和氧化锆的活跃度，这说明近期氮化硅以及碳化硅的研发热度提升。去除图表中所列的氮化硅、氧化铝、碳化硅、氧化锆、氧化硅和氧化镁陶瓷外，由于其他类型的上游结构陶瓷材料很多，不仅涵盖了以非主流成分材料为主的陶瓷材料，还涵盖了大量复合陶瓷材料，因此，其占上游总申请量也达到了 1/3，这也代表着，上游产业中非主流材料的研发、制备同样吸引人们的关注。

（2）中游产业中，传统的耐热材料和切削工具的申请量超过了中游总申请量的 1/3，其中耐热材料的申请量占据中游总申请量的近 1/4，可见，结构陶瓷仍然主要应用于耐热元器件或耐热产品的制备过程，其中以刀具、耐高温材料作为切削工具和耐热材料的典型器件；随着技术的发展，结构陶瓷逐渐被广泛制备成各种功能的元器件，其中如汽车发动机元件、导热器件（如电子领域的陶瓷散热基板）等的专利申请量也占据了中游总申请量的 1/5；除去主流的中游器件，还有占中游申请量近30%的其他类型的陶瓷元器件，这部分申请量不容忽视，应用领域广泛，并将随着陶瓷技术的不断进步，元器件种类和数量也会不断增加。

（3）下游产业中，结构陶瓷主要应用领域为机械加工领域、电子通信领域以及汽车领域，其中基于结构陶瓷的特有属性，机械领域属于结构陶瓷传统应用领域，随着结构陶瓷材料、元器件等技术的发展，在专利技术的带动下，结构陶瓷被广泛应用到电子通信、汽车等高精尖技术领域中，所表现出的是电子通信、汽车等领域的专利申请量比重的增加。国防军工领域以及航空航天领域的申请量较少，主要是由于大部分专利申请为涉密专利而未被公开，公众无法获得有关的专利信息。下游产业的专利申请量虽然不高，但是活跃度相对较高，尤其是汽车领域、国防军工、航空航天、环保领域。

综上，从总的申请量数据上看，上游产业中氧化铝、碳化硅，中游产业中切削工具、耐热材料，以及下游产业中的机械加工、电子通信领域以及汽车领域属于结构陶瓷产业的重点研究方向。

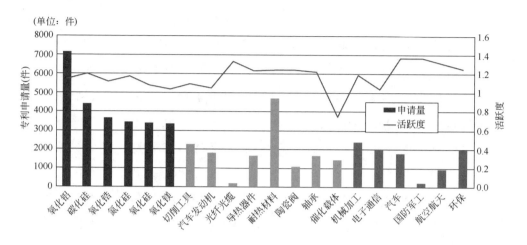

图 2-17　结构陶瓷三级分支申请量与活跃度对照图

进一步，分别对上、中、下游各分支的专利申请量随时间变化规律进行分析，如图 2-18 至图 2-20 所示。通过分析上、中、下游各个分支的申请量变化情况获得整个结构陶瓷产业链技术的发展脉络，确定结构陶瓷产业链现阶段的布局热点。

从图 2-18 可以看出以下两点。

（1）上游产业中，以氧化铝为主的陶瓷材料的申请量在各时间段内均明显高于其他类型陶瓷材料，说明氧化铝陶瓷材料属于结构陶瓷的重点研发方向，尤其在 2000 年后，氧化铝陶瓷的申请量显著增加，2011—2015 年，其申请量占到这一时间段总申请量的 1/3，说明现阶段氧化铝陶瓷仍然是主流的研发方向，各申请人仍然把氧化铝作为产业布局热点。

（2）氮化硅、碳化硅以及氧化锆陶瓷申请量相对接近且仅次于氧化铝陶瓷的申请量，近年来其申请量也呈逐年增加的趋势，但相对氧化铝陶瓷而言，递增速度较缓，说明三者在技术研发和中下游产业应用上仍待突破。

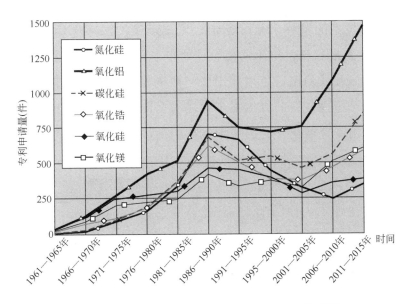

图 2-18　上游各分支专利申请量随时间变化趋势

从图 2-19 可以看出以下三点。

（1）中游产业中，在 20 世纪 80 年代，耐热材料是结构陶瓷的研发热点和主流布局方向，其他类型的结构陶瓷元器件申请量远低于耐热材料申请量，随后，耐热材料申请量逐年降低，在 2008 年前后达到申请量最低点，近年其申请量又有回升趋势，这与耐热元件的下游应用领域扩展以及上游新材料的研发密切关联。

（2）自 2000 年以来，以陶瓷阀和陶瓷轴承为代表的结构陶瓷元件的申请量迅速增长，说明这两类元器件是近年来结构陶瓷中游产品的研发热点。

（3）汽车发动机元件相关的申请量自 2000 年前后也有了明显的增加，且申请量水平一直维持在当时段申请总量的 20% 左右，说明基于下游产业的需求，汽车发动机元件持续属于各申请量研发布局的重点。

从图 2-20 可以看出以下两点。

（1）下游产业中，1985 年前后结构陶瓷在机械加工领域的申请量明显高于其他领域，而 1990 年至 2000 年，机械加工领域的申请量骤减，说明这一时期内，在结构陶瓷技术领域整体没有较大技术突破的环境下，下游产品的技术研发也相对缓慢。

（2）随着技术的发展，电子通信、汽车以及能源环保领域的申请量自2000 前后开始大幅增长，电子通信领域的申请量在 2002 年达到高点，同时汽车领域和环保领域的申请量增长迅猛，截至 2015 年，汽车领域以及环保领域的申请量已超过传统的机械加工领域的申请量，说明在上中游技术发展的推动下，结构陶瓷被更广泛的应用到高精尖技术领域中。

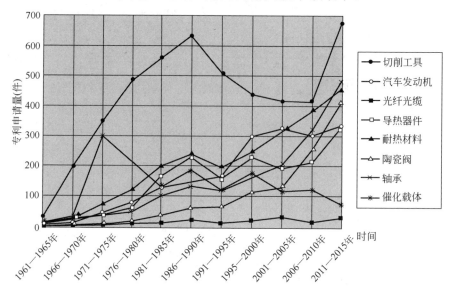

图 2-19　中游各分支专利申请量随时间变化趋势

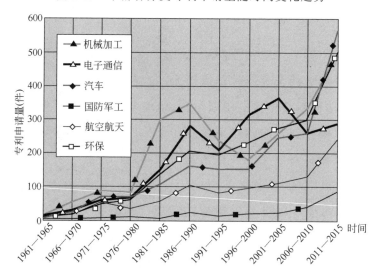

图 2-20　下游各分支专利申请量随时间变化趋势

综上，从结构陶瓷产业链随时间的变化趋势可以看出，上游的氧化铝陶瓷仍然是产业布局的重点，而碳化硅、氮化硅等陶瓷也逐渐受到关注；中游的陶瓷轴承、陶瓷阀等元器件近年来受到广泛关注，逐渐成为专利布局热点；下游的汽车领域以及环保领域是目前的热点研究方向。

接下来，分别对各主要国家和地区的上、中、下游专利申请量进行统计，通过对各主要国家申请量分布以及三级分支技术分布比例进行分析，进而了解各国对结构陶瓷研发布局情况。首先，对申请总量排名前 9 位的国家或地区的上、中、下游分布情况进行统计，如图 2-21 所示；同时对日、中、美、德四个结构陶瓷研究重点申请国的上、中、下游研究占比进行统计，如图 2-22 所示。

从图 2-21 和图 2-22 可以看出，首先，各个主要国家中除德国以外，均不约而同地在申请分布上侧重上游技术的研发及保护，说明结构陶瓷产业链中，材料的研发及生产工艺的改进是整个产业链中的基础及核心；其次，具体到各个国家，日本作为结构陶瓷领域申请量最大的申请国家，其上游申请占比尤为突出，上游申请量是中下游申请总量的近两倍，并且仅在上游的申请量就已经超越了排名第二的中国的总申请量，由此，日本在结构陶瓷领域的实力可见一斑。中国、美国、俄罗斯、欧洲和韩国，也同样是将申请的重点放到了上游，掌握结构陶瓷先进技术的国家和地区往往更加注重上游产品的研发和基础材料的研究；与之不同的是，德国在结构陶瓷领域的专利申请中，中游产业的专利产出占据了相当大的比例，这与德国在加工制造领域的突出实力相吻合，德国作为制造大国，在中游的器件加工制造领域具有非凡的实力。

进一步，将日本、中国、美国和德国四国的上游、中游和下游的占比进行比较。可知，相对于日本和美国而言，我国的结构陶瓷产业链结构中，上游的专利申请比例略低，为 53.57%，而日本和美国的上游占比均在 60% 以上。在中游产业中，中国的专利占比略高，达 29.91%，而日本和美国的中游占比均在 25% 以下。在下游产业中，中国与美国占比均高于 16%，略高于日本的下游占比。中国中游占比高与我国作为陶瓷零部件重要产地有关。德国的上、中、下游占比明显不同于中国、美国、日本三国，其上游与中游占比相近，分别达 42.74% 和 41.50%。

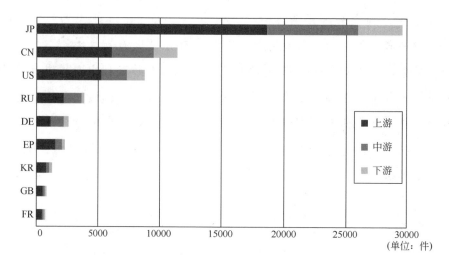

图 2-21　各主要申请国上、中、下游申请量分布情况

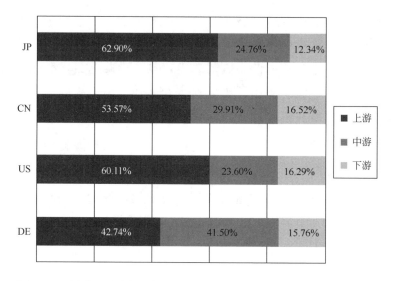

图 2-22　日本、中国、美国、德国四国上、中、下游申请量占比

接下来具体对各个国家上、中、下游中各主要的三级分支占比进行统计分析，如图 2-23 至图 2-25 所示。

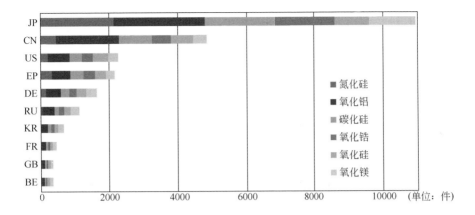

图 2-23 主要申请国上游各分支申请量统计

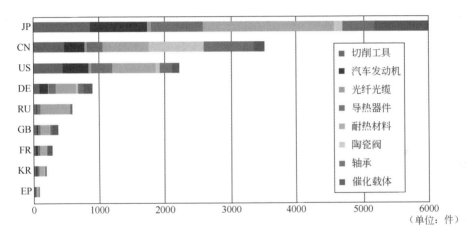

图 2-24 主要申请国中游各分支申请量统计

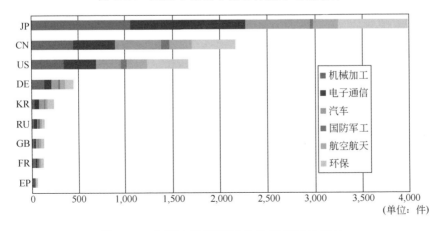

图 2-25 主要申请国下游各分支申请量统计

从图 2-23 可以看出，在上游的各个分支中，日本作为结构陶瓷领域的领头羊，将研究的重点放到了氮化硅、氧化铝以及碳化硅，特别是在氮化硅领域的申请量有超越传统的氧化铝的态势。与之相比，中国在氮化硅领域的的申请量明显偏低，中国的研发重点仍然集中在氧化铝领域，其次为碳化硅和氧化锆。美国和欧洲各国除了重点研究氧化铝以外，还重点研究了碳化硅和氧化硅。其他类型的陶瓷材料申请量相对较低。

从图 2-24 可以看出，中游产业中，日本、中国、美国的申请量明显高于其他各国，其中，日本中游产业申请量主要集中在耐热材料、切削工具、催化载体、汽车发动机和导热元件；中国中游产业中以耐热材料、陶瓷阀、轴承等为代表，在汽车发动机、削切工具、催化载体领域的专利产出相对较少；美国的研究重点放在了耐热材料、削切工具和汽车发动机领域；欧洲各国重点将研究集中于耐热材料，汽车发动机和催化载体。

从图 2-25 可以看出（1）日本、中国、美国的下游产业申请量明显高于其他各国，总体来看电子通信领域、机械加工领域、环保领域和汽车领域是各国研究的重点，只是侧重点有所不同，其中，日本下游产业申请量最高为电子通信领域，之后依次为环保领域和机械加工领域，之后为电子信息和汽车领域，其中电子通信领域的申请量占比最高，说明日本下游产业热点布局集中在电子通信领域；美国将研究的重点集中于机械加工、环保领域、电子通信领域和汽车；欧洲各国将研究重点集中于机械加工和环保领域，其次为电子通信领域和汽车领域。（2）聚焦到中国，中国下游产业中主要集中在机械加工领域、汽车领域和环保领域，电子通信领域的专利技术明显滞后于日本、美国等国。

具体对日本、中国、美国、德国四个结构陶瓷研究重点申请国的上、中、下游三级分支数据进行统计，具体见表 2-4。

从表 2-4 可以看出，首先，各重点国均是以中上游为布局重点，其中，日本、美国、中国更注重上游产业的布局，而作为传统制造大国——德国则以元器件制造的中游产业布局优势明显。

其次，对各国三级分支分布情况进行具体分析。

表 2-4 日本、中国、美国、德国四国三级分支申请量　　　（单位：件）

领域		国家			
		IP	CN	VS	DE
上游	氮化硅	2146	457	208	162
	氧化铝	2650	1840	647	420
	碳化硅	2015	952	359	258
	氧化锆	1755	551	321	210
	氧化硅	1004	645	440	285
	氧化镁	1369	389	297	304
中游	切削工具	882	486	457	100
	汽车发动机	856	309	397	128
	光纤光缆	63	29	33	6
	导热器件	775	240	322	105
	耐热材料	1997	702	658	311
	陶瓷阀	122	827	57	39
	轴承	476	751	196	84
	催化载体	831	170	110	124
下游	机械加工	1061	598	345	138
	电子通信	1206	209	349	75
	汽车	688	576	265	76
	国防军工	19	87	60	12
	航空航天	278	233	218	57
	环保	727	458	430	91

（1）从申请量角度看，日本上、中、下游各三级分支申请量均明显优于其他国家，在先进陶瓷的整个产业链中具有垄断地位。中国申请量大，仅次于日本，说明中国在先进陶瓷领域已经形成一定布局，这与国家政策重视、整体研发实力提升有密切关联。

（2）从产业链各三级分支配比情况看，上游中，日本在氮化硅陶瓷技术占有绝对优势，形成了较大的技术壁垒，其他国家在氮化硅陶瓷研究上较为薄弱，具有较大的提升空间；中国在氧化硅、氧化铝等陶瓷方面与先进国家差距小，通过进一步研发及核心技术的开发，有望突破先进国家的技术垄断。

（3）中游产业中，日本在催化载体和耐热材料、导热器件等方面占有绝对优势；中国在陶瓷阀和陶瓷轴承元件上居于世界领先地位，可以通过不断研发型结构，巩固这一优势地位。

（4）下游产业中，日本在电子通信领域占据了绝对优势，而电子通信领域也是中国结构陶瓷发展较为薄弱的环节，为了避免受制于人，应在这方面加强技术投入；具有较好的发展前景的汽车行业、国防军工、航空航天等领域，中国与先进国家的差距较小，可以通过大力发展核心技术，赶超日美等先进陶瓷大国。

综上，上游是结构陶瓷产业发展的核心，中游是产业发展的关键，中游和上游带动下游产业均衡发展。上游在以氧化铝传统结构陶瓷为主的基础上，重点发展氮化硅、碳化硅等具有前景的新型结构陶瓷。中游元器件产业布局各有特点，根据发展方向择优布局。下游产业中新兴产业垄断尚未形成，可以在上、中游发展的同时予以关注。

具体来说，无论是上游还是中游、下游，日本的专利申请量均明显高于其他各国，说明在结构陶瓷领域产业中，日本的专利研发水平相对更高，专利布防更为严密。中国在上、中、下游产业的申请量均仅次于日本，上游产业的布局热点停留在氧化铝传统结构陶瓷材料上，说明中国在上游新材料研发的布局仍然较为薄弱；中游、下游产业中，从申请量分布可以看出，中国在新型元器件以及先进应用领域中已经开始布局。

►► 2.2.4　龙头企业重点发展方向

对结构陶瓷领域申请量排在前列的重点企业进行重点分析，对京瓷、新日铁、旭硝子、火花塞、日本碍子、揖斐电等重点企业在上、中、下游中的申请量进行统计分析，具体见图 2-26。

由图 2-26 可以看出，上述六家企业虽然都属于结构陶瓷领域申请量排名前列的重点企业，但是它们在上、中、下游中的侧重点并不完全相同。这六家企业大致上可以分为两组：一组是上游申请量占比明显较大、均超过本企业在结构陶瓷领域总申请量的70%的京瓷、新日铁、旭硝子，属于重上游企业；另一组是上、中、下游申请量分布与全球（56%、30%、14%）和日本（63%、25%、12%）范围的相应占比差不多的日本碍子、火花塞、揖斐电，也即基本反映了该领域上、中、下游平均分布情况的典型企业。

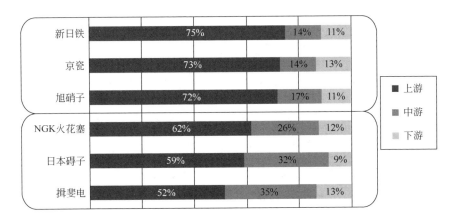

图 2-26 龙头企业上中下游申请量统计

第一组的京瓷、新日铁、旭硝子等重上游企业的上游申请量明显占比较大，均超过了本企业在结构陶瓷领域总申请量的 70%，可见对于上游材料研发的重视程度。相比之下，第二组的揖斐电、火花塞、日本碍子等典型企业的中游申请量占比大于第一组，均超过了本企业在结构陶瓷领域总申请量的四分之一，其中日本碍子和揖斐电甚至达到了 30%以上，可见其对于上游材料的技术投入和重视程度不及第一组，而对于中游产品/元器件的技术投入和重视程度更高。上述六家企业 2014 年、2015年的营业收入和利润值见表 2-5。

表 2-5 龙头企业 2014 年、2015 年营收利润表

企业中文名称	2015 年营业收入（百万日元）	2015 年利润（百万日元）	2014 年营业收入（百万日元）	2014 年利润（百万日元）	上游	中游	下游
京瓷	1479627	92656	1526536	93428	73%	14%	13%
新日铁	4907429	167731	5610030	349510	75%	14%	11%

企业中文名称	2015 年营业收入（百万日元）	2015 年利润（百万日元）	2014 年营业收入（百万日元）	2014 年利润（百万日元）	上游	中游	下游
旭硝子	1282570	96292	1326293	71172	72%	17%	11%
揖斐电	314,119	22,570	318,072	26,039	52%	35%	13%
NGK 火花塞	383272	66279	347636	62196	62%	26%	12%
日本碍子	435,797	80,898	378,665	61,577	59%	32%	9%

结合图 2-26 来看，很显然，第一组重上游企业——京瓷、新日铁、旭硝子 2014 年、2015 年的营业收入和利润较高，第二组典型企业——揖斐电、火花塞、日本碍子 2014 年、2015 年的营业收入和利润都较低。虽然个别企业的营业收入和利润中可能还包含了企业经营的其他材料产品的营业收入和利润，但是，陶瓷材料和陶瓷制品/元器件都是这几家企业的主营产品，其营业收入和利润值之间的比较还是具有一定说服力的。由上述近两年的营业收入和利润值对比可以推测，在结构陶瓷领域中，上游陶瓷材料的利润值相对于中游陶瓷制品/元器件的利润值较高，这也与常规的原材料研发更具含金量的认知相契合。

对上述几家重点企业在上、中、下游各三级分支中的申请量进行分析，具体见图 2-27。

由图 2-27 不难发现，上游的申请量整体上显著大于中游和下游的申请量；中游的申请量略大于下游的申请量。这与结构陶瓷全领域的上、中、下游申请量分布规律是一致的。结构陶瓷产业的上、中、下游申请量所占百分比分别为 56%、30%、14%；除了企业研发有专门布局的揖斐电以外，其他几家重点企业的上游申请量占比均超过了结构陶瓷领域的整体上游申请量占比，京瓷、新日铁、旭硝子的上游占比甚至都达到了 70% 以上。这说明京瓷等重点企业作为结构陶瓷产业中的领军企业，不仅将材料的研发作为整个企业技术发展的基础及核心，甚至投入的精力、财力比产业平均比重更大，由此也印证了材料的研发对于整个结构陶瓷产业发展的决定性作用。当然，从

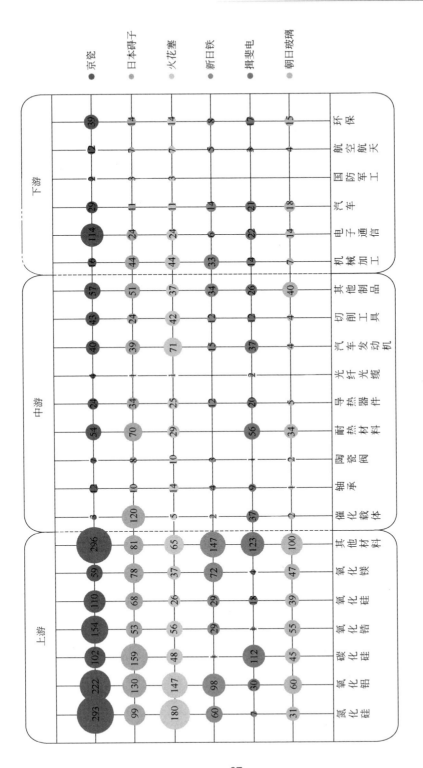

图 2-27 龙头企业上、中、下游各三级分支的申请量对比（单位：件）

67

技术领域特点考虑，中游产品/元器件的技术进步在很多情况下体现为产品/元器件性能的改善、提高，例如切削工具硬度的提高、导热器件导热系数的提高、耐热材料的抗蠕变性的提高，这些性能的提高往往表现为生产效率的提高或产能的增加，而并非都属于开创性的技术进步，不足以转化为专利申请量的提高。下游应用领域的技术进步更是如此，上游材料的研发和中游产品/元器件的性能提升应用到下游的各领域时，更多体现在这一领域的整体效能提升或范围扩张上，开创性的应用占比很小，也就更难以表现为专利申请量的增长。这也是除去材料研发在产业中占有最重要地位这一因素以外，中游、下游的专利申请量偏少的现实原因之一。

对于重点企业在上、中、下游专利申请的分析比较，从另一个角度来看，这几家重点企业都是日本企业。而从前面的分析可知，日本作为申请量最大的申请国家，其上游申请占比更为突出，上游申请量是中、下游申请总量的近两倍，从国家层面上更加注重上游产品的研发和基础性材料的研究。作为日本企业的重要代表，京瓷等重点陶瓷企业的研发侧重点与日本国家整体上非常一致。当然，这些重点企业的专利申请也占据了日本国家整体申请量的较大比重，他们的研发方向和研发思路在国家层面上以及行业内也具有相当的影响力，对日本全国的陶瓷企业的技术开发领域和方向都有指引作用和带动效果。

具体到上、中、下游内部，专利申请在各技术分支之间的分布也并不均衡。上游材料领域中，整体看来，申请量占据明显优势的是氮化硅、氧化铝以及其他材料。氧化铝作为经典的陶瓷材料，其原料广泛、价格低廉，同时又具有高硬度、耐高温、耐腐蚀、耐磨损等优异性能，在结构陶瓷领域一直占据着非常重要的地位，氧化铝材料的专利申请量更是占有显著高于其他材料的最大比重。作为结构陶瓷领域典型代表的上述几家重点企业将相当大的研发精力投入在氧化铝材料上，这也在意料之中。氮化硅是近几十年来在陶瓷领域异军突起、迅速受到青睐的材料，这得益于其优异的力学性能、热学性能及化学稳定性，被材料科学界认为是结构陶瓷领域中综合性能优良、最有应用潜力的新材料。氮化硅的分子结构和晶体构型决定了其热膨胀系数低、导热率高，因而耐热冲击性也极佳。而且氮化硅的理论密度低，非常适合在要求高强度、低密度、耐高温的领域代替合金钢使用。走在理论研究和技术改进前沿的几大重点企业，自然不会忽视这一整个结构陶瓷领域的热点材料，这几家企业整体上的氮化硅专利申请量已经可以与氧化铝材料相媲美。"其他材料"这一分支也占据了上游领域中相当大的申请量百分比，这是因为这部分不仅包含了氮化硼、氮化铝等略微"小众"的陶瓷材料，还涵盖了大量复合陶瓷材料。而材料的复合改性是近年来倍受关注的技术研发领域，是克服很多单一化合物固有缺陷的有效技术改进手段。因此，其他材料这一技术分支的申请量大于氧化锆、氧化硅、氧化镁等，甚至能够与氧化铝、氮化硅相媲美，也并不出人意料。

中游领域中，耐热材料、汽车发动机、切削工具、导热器件、催化载体及其他制品等技术与分支轴承、陶瓷阀、光纤光缆等相比，较均衡地占据了较大的申请量比例。对于申请量较少的几个技术分支：一方面，轴承、陶瓷阀等属于传统陶瓷制品/元器件，本身的结构和材料都相对简单，而且经过了长时间的发展，技术已经比较成熟，技术进步空间越来越小，甚至在某些领域已经开始面临被更先进制品/元器件替代的风险，因此表征技术创新的专利申请比较少；另一方面，光纤光缆中使用到的陶瓷材料一部分因为单纯利用其耐高温特性而被划分到了耐热材料技术分支，还有一部分由于涉及信号传输等功能而被划分在结构陶瓷之外（大部分划分到电功能陶瓷领域），因此专门被划分到这一技术分支的专利申请并不多，但这并不等于说光纤光缆中陶瓷材料的应用不多。申请量较大的几个技术分支中，耐热材料这一分支由于发挥了陶瓷材料独到且特别优异的性能而热度持续不减，而且由于近年来航天等朝阳领域对于优秀耐热材料的迫切需求，耐热材料的研发一直很受各大企业关注。汽车发动机自上世纪七十年代成为引导陶瓷性能提高的重要推动力之一以来，吸引了全球很多科研机构投入大量的精力深入研究，因此这几家重点企业涉及汽车发动机的专利申请量大。陶瓷材料的应用很广泛，且一直被持续不断地开发以进入新的领域，因此涵盖了多个不同陶瓷制品/元器件的"其他制品"分支的申请量也很可观。

在下游应用领域中，机械加工毫无悬念地占据了较大的申请量比例，这是由陶瓷的高硬度、高耐热性、高强度等固有特性所决定的具有绝对优势的应用领域。电子通信、汽车、环保则作为新兴的技术领域越来越受到陶瓷材料研究者和制造者的关注，几家重点企业在这几个领域的专利申请也都具有可观的数据。国防军工与航空航天领域公开的专利申请量数值受保密因素影响，可能较实际值小。

最后，从企业的角度来看，不同企业在上、中、下游各技术分支上的侧重点也有显著的不同。前面已经分析过，京瓷、新日铁、旭硝子更专注于上游的材料研发，相对来说揖斐电、火花塞、日本碍子更多在中游陶瓷制品/元器件上投入精力。而具体到上游的各技术分支，京瓷和火花塞比较接近，各种材料都有涉及而又侧重于氮化硅、氧化铝，而且都对氮化硅的研究兴趣更大，这一结论是与结构陶瓷领域整体上氮化硅与氧化铝的申请量数据相比较得出的。结构陶瓷各材料中，氧化铝的申请量远远领先于其他材料，占19%；而氮化硅的申请量仅占 9%，甚至落后于碳化硅和氧化锆。相比之下，京瓷、火花塞两家企业对氮化硅这一新生代材料投入了特别多的关注，可见它们对于材料研发的敏感性很强，且研发实力雄厚，才能够针对氮化硅材料的改进提出数量较大的专利申请。日本碍子和旭硝子也是在上游的各种材料分支中均有涉及且相对比较均衡的企业。但相比较而言，日本碍子对碳化硅的关注度更高，这一点与揖斐电非常相似。有趣的是，日本碍子与揖斐电在中游、下游各分支的申请量布局也极为相似，都对催化载体、耐热材料等有更多的投入。这很好地印证了上游材料研发对于中游制品/元器件乃至下游应用领域的引导、推动作用。揖斐电在上游各材料分支中的分配很不均衡，显著地侧重于碳化硅这一种材料，与此相关，在中游各制品/元器件分支中的分配也不均匀，这与其企业定位是有关系的。揖斐电是一家以电子基板精密陶瓷为主要产品的企业，其研发和生产的精力都比较专一，集中于某一、两个领域，与京瓷等多元发展的企业相比，属于不同的企业发展经营模式。新日铁是一家以钢铁材料为主要产品的企业，对于陶瓷的研发和生产并不处于陶瓷领域的前沿，因此其在上游各材料分支中的申请量分布比较传统，接近于结构陶瓷领域整体的材料分支申请量分布。其中游制品/元器件的各分支申请量都不大，说明其专门涉及陶瓷的产品并不多，更大的可能是将陶瓷材料与其主流研发的钢铁材料相结合使用，陶瓷在其中处于次要的辅助性地位。由此也能够将专利申请情况与企业生产经营状况相对应起来。

综合上述对于重点企业发展方向的分析来看，重点企业的研发重点更多放在上游材料的研究上，尤其对于新兴优质陶瓷材料例如氮化硅的关注更多。在中游制品/元器件和下游应用领域中，既传承了传统的耐热材料、机械加工方向，又紧密关注汽车发动机、电子通信、汽车、环保等领域的应用，因此才能够在结构陶瓷领域占有一席之地并持续良好地发展。

第 3 章

淄博市先进陶瓷
产业现状与定位

淄博市（以下简称淄博）是我国最大的陶瓷科研基地，中国五大瓷都之一，陶瓷历史悠久驰名中外。淄博已经成为出口陶瓷基地、高档宾馆用瓷基地、高级玻璃陶瓷耐火材料基地、装饰材料基地、建筑陶瓷基地、高新技术基地等六大生产基地。日用陶瓷、艺术陶瓷、工业陶瓷、建筑陶瓷竞相发展。淄博陶瓷在国内占有重要地位，曾为我国陶瓷在国际上取得了第一枚质量金牌、第一枚创造发明金牌，在生产科研上也创造了很多"中国陶瓷之最"，淄博陶瓷还被誉为"第三代陶瓷"。伴随着科技的发展，市场对陶瓷性能的要求越来越高，在传统陶瓷坚硬、耐磨、耐高温等优良性能的基础上，逐步兼并具备了以电、磁、声、光、热、化学、生物等多方面信息的检测、处理等优越的先进性能，此类陶瓷被通俗地称作先进陶瓷。可见，先进陶瓷具备耐高温、耐磨损、耐腐蚀优点，并且可以实现电、磁、光、热学、生物、化学等特定的性能，是应用广泛的无机非金属材料，备受青睐。

2007 年科技部批准建设"国家火炬计划淄博先进陶瓷特色产业基地"。2014 年 6 月份，国家发改委启动了全国各省市申报、编制《战略性新兴产业区域集聚发展试点实施方案》的工作，淄博市立足区域产业特色，选择"新型功能陶瓷材料"作为战略性新兴产业集聚发展的重点方向，由淄博市发展改革委牵头组织编制了《淄博市新型功能陶瓷材料战略性新兴产业区域集聚发展试点方案》（以下称"方案"），作为全省两家备选城市之一上报国家发展改革委员会（以下简称"国家发改委"）审批，同年 10 月 12 日，国家发改委、财政部联合下发通知，正式批复了淄博市申报的方案。淄博成为全国首批战略性新兴产业区域集聚发展试点的十家城市之一，也是山东唯一一家列入试点的城市。

国务院发布的《"十二五"国家战略性新兴产业发展规划》，国家发改委发布的《当前优先发展的高技术产业化重点领域指南》，《山东省 "十二五"战略性新兴产业发展规划》，《山东省政府关于加快培育和发展战略性新兴产业的实施意见》，淄博市政府在 2014 年及时提出了《新型功能陶瓷材料产业区域集聚发展试点工作的相关意见》，奠定了淄博市作为国内新型功能陶瓷产业应用技术创新和产业孵化中心的地位，打破新型陶瓷功能材料关键技术的国际垄断，建设成为国内领先的新型功能陶瓷材料产业集聚示范区。国家和各省市政府在政策层面高度重视，各级政府出台的政策都激励、鼓舞先进陶瓷的发展，为先进陶瓷的提供了优越的舞台。本章将重点对淄博产业园区内先进陶瓷的领域分布、产业链全貌、市场占有率、创新能力等进行梳理，为产业园区的专利导航路径提供准确起点。

3.1　产业结构

▶▶ 3.1.1　淄博先进陶瓷产业现状

1．淄博先进陶瓷专利申请态势

从图 3-1 图可以看出，2000 年之前的先进陶瓷专利申请非常少，五大分支技术产业专利申请数量总和不足 80 件；2000 年之后开始起步，整体上发展迅速，期间经历了多次小量的起伏震荡，其中 2005 年、2008 年、2011 年和 2014 年前后均出现了起伏波动，但其起落的幅度不大，整体上是呈增长的趋势。出现这种现象，与淄博先进陶瓷技术的发展在产业升级中的推动作用存在关联性，与企业对国家政策及当地政府的引导也有一定的联系，在此期间，各级政府在不同时间段出台了相应的政策和激励机制，使得淄博先进陶瓷取得了可喜的成绩。

2．淄博先进陶瓷五大技术分支占比

图 3-2 展示出了淄博先进陶瓷五大分支专利申请占比，从该图可以看出，淄博先进陶瓷专利申请中，结构陶瓷约占五大分支总申请量的 1/3，成为了

先进陶瓷最大的一个技术分支，占据了淄博先进陶瓷的重要地位；生物功能陶瓷处于第二的位置，占到了 1/5；而光功能陶瓷和电功能陶瓷两者之和占据了超过 1/3；其中磁功能陶瓷不到10%，处于相对薄弱的地位。

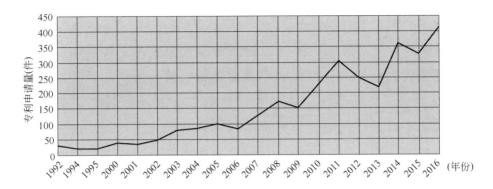

图 3-1 淄博先进陶瓷专利申请的发展趋势图

可见，淄博在先进陶瓷领域五大分支技术的专利申请不均衡，在结构陶瓷领域实力相对突出，生物陶瓷和光功能陶瓷也具有一定的实力，但是在电功能陶瓷、磁功能陶瓷领域，存在技术薄弱的问题。

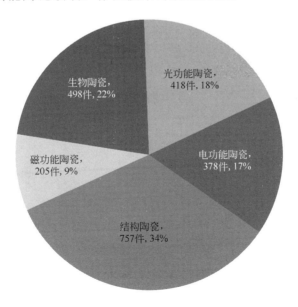

图 3-2 淄博先进陶瓷五大分支专利申请占比

▶▶ 3.1.2 淄博先进陶瓷专利申请现状

1. 淄博先进陶瓷当前的整体状况

淄博地区的先进陶瓷主要以淄博高新技术园区为主要阵地，以淄博地区先进陶瓷企业作为典型代表和首要分析对象。淄博高新技术园区内先进陶瓷技术分支主要集中在以电功能陶瓷、光功能陶瓷、磁功能陶瓷、结构陶瓷以及生物陶瓷等为典型的五大技术分支中。从政府层面出台激励政策后，得益于政府的有利政策和创新平台，淄博先进陶瓷得到了迅速的发展和壮大。经历短短十五六年的发展，其五大技术分支均取得了一定的成绩，专利申请得到了快速发展、整体上保持申请量的稳步增长。

图3-3展示出淄博先进陶瓷产业专利申请占比图，截止到2015年年底，中国在先进陶瓷领域的专利产出占全球专利产出的19%，淄博先进陶瓷申请量占到了全国先进陶瓷专利申请总量的 5.48%左右，占全球先进陶瓷专利申请总量的 1%以上。这表明淄博先进陶瓷产业技术在政府指引下得到了迅速发展，专利申请取得了可喜的成绩。

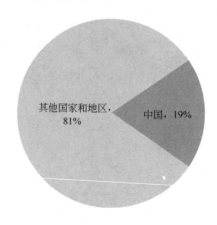

图 3-3　淄博先进陶瓷产业专利申请占比

2. 淄博先进陶瓷专利申请起步晚

图 3-4 展示出了淄博先进陶瓷专利申请趋势与全国、全球的对比图，从该图可以看出，中国先进陶瓷专利申请的起步较晚，几乎到 80 年代末才开始有极少量的专利申请，随着时间的推移，申请量缓慢增长。淄博先进陶瓷的专利萌芽更晚，在 20 世纪 90 年代末 21 世纪初才拥有几十件，相比发达国家而言，在起跑线上就输了一大截，时间上晚于发达国家近40 年。

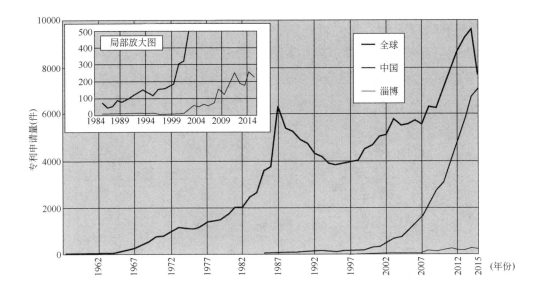

图 3-4 淄博、全国、全球先进陶瓷专利申请趋势比较

注：局部放大图表示的是 1984—2014 年淄博与全国先进陶瓷专利申请量的对比曲线。

发达国家在陶瓷研发方面由于已有了深厚的技术积累，早在 20 世纪 60年代就有了相关的专利申请，占据了支配地位。中国虽然是瓷器的发源地，但由于中国的整个专利制度起步较晚，自从 80 年代专利制度建立后，中国陶瓷方面的专利申请才得以起步。同样，淄博先进陶瓷的发展更晚，其 2000年以前的先进陶瓷专利申请的总和不足 80 件。

可喜的是，在 2000 以后，随着对知识产权的重视，特别是对先进陶瓷行业的重视，在国家和地方政府的大力支持下，淄博的先进陶瓷业呈现蓬勃发展的态势。

3. 淄博功能性先进陶瓷专利申请增长迅速

虽然淄博先进陶瓷在 2000 年前后开始起步，技术发展起步较晚，但在政府的推动下，淄博先进陶瓷在国内的优势环境下发展迅速，从 2000 年开始，各技术分支中的专利申请数量都呈整体上涨的态势。2002 年淄博市被评为"国家新材料成果转化及产业化基地"，当地政府以及园区进一步对先进陶瓷的创新与发展产生了积极的推动作用。图 3-5 展示出了淄博先进陶瓷五大分支专利申请态势，从该图可以看出，五大技术分支的专利申请在 2000—2001 年均不足 10 件/年。在政府的主导下，以此为申请起点，快速增长，各大分支技术的专利申请都得到了较快的发展，整体上呈增长态势。

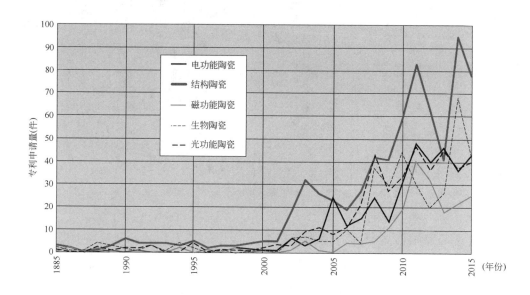

图 3-5　淄博先进陶瓷五大分支专利申请发展趋势

从具体分支来看，结构陶瓷的增长明显高于其它四大分支的增长。从2002年后，结构陶瓷以几十件的申请量作为起点，保持逐年增长，年申请量不断跃上新的台阶，其中可能的原因是：结构陶瓷进入门槛相对较低，其技术改进方面主要集中在对传统陶瓷本身坚硬、耐磨、耐高温等性能的进一步提升；作为掌握传统陶瓷的优良制备工艺的企业，更易倾向于结合自身优势进行转型升级。

在生物陶瓷方面，在2007年之前申请量居于光功能陶瓷和光功能陶瓷之下，但后期发展迅速，特别是在2014年涌现了大量专利申请。

在电功能陶瓷、磁功能陶瓷和光功能陶瓷领域，经过一段时间的发展，近十年呈现高位徘徊的态势，尤其是磁功能陶瓷的专利申请量呈现下滑态势，需要引起重视。

根据《淄博市新型功能陶瓷材料产业区域集聚发展试点2014年重点扶持项目的公示》中列出的32家企业，其中涉及磁功能陶瓷技术分支的企业相对较少，这是磁功能陶瓷申请量下滑的原因之一；光功能陶瓷和电功能陶瓷较相似，申请量增速相对而言比较缓慢。

▶▶ 3.1.3 淄博先进陶瓷专利分布

1. 淄博功能性先进陶瓷专利申请后劲十足

虽然淄博乃至中国在先进陶瓷方面的创新起步较晚，且开始时的专利申请量相对较少，但后期的增长劲头十足，整体上发展迅速，形成追赶之势。

图3-6展示出了淄博先进陶瓷不同时间段的专利申请态势图，从该图可以看出，淄博先进陶瓷五大分支技术在各个时间段均得到了快速发展，产业申请增长迅速，且后一个时间段比前一个时间段增长更明显、更迅速；其中，结构陶瓷的专利申请量在每一个时间段均处于优势地位，电功能陶瓷由第一时间段（2000—2003年）第四名发展到第四时间段（2012—2015年）的第二名，

生物功能陶瓷、光功能陶瓷和磁功能陶瓷在第两个时间段的专利申请增量更显著，第三时间段略显平缓。由此，形成了各类分支技术你追我赶的局势。

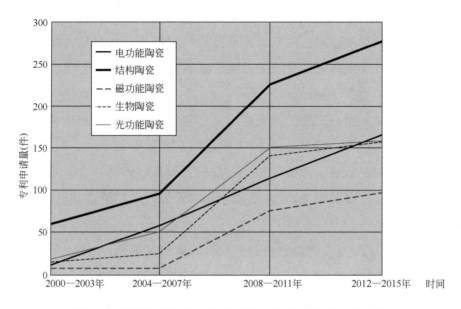

图 3-6　淄博先进陶瓷各分支不同时间段的专利申请态势

2. 淄博先进陶瓷在五年（2011—2015 年，以下省略）的增长速度

图 3-7 展示出了淄博先进陶瓷五大分支五年申请量占比及对照，从该图可以发现：淄博地区先进陶瓷五大分支技术专利申请得到迅速发展，增长态势越来越快，超过了国际平均增速。特别是 5 年五大分支技术产业申请增长更是迅猛，先进陶瓷五大分支技术 5 年的专利申请量均占到了其各自申请总量的一半以上，其中 5 年申请量占比最高的是磁功能陶瓷，达到了 70%，这主要是由于磁功能陶瓷前期的专利申请基数较少，也表明其基础较薄弱；电功能陶瓷 5 年的申请量占到其申请总量的 61%，而结构陶瓷、生物陶瓷和光功能陶瓷近 5 年的专利申请占比也均在 50%以上，光功能陶瓷与生物陶瓷进 5 年申请量均为总量的 52%，明显高于全球相应技术分支五年的占比。从上述数值中也看出淄博 5 年对技术的研发进入较活跃的时期。

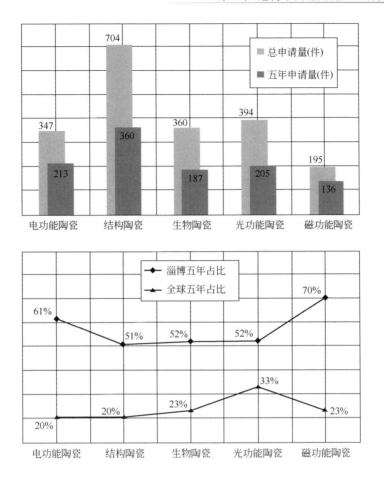

图 3-7　淄博先进陶瓷五大分支五年申请量占比及其与全球占比对比

　　其中，磁功能陶瓷和电功能陶瓷在五年成为了申请量增长最为明显的技术分支类别，究其原因，淄博高新技术园区内企业在激烈的竞争中，已经选择把目光投向了目前较为薄弱或竞争小的领域中,但由于总申请量基数较小，小数量的增加就会使总占比明显增加，因此，从大数据来看只能说部分企业在电、磁领域中慢慢试水或者是填补空白，离形成产业还相差较远。也充分表明淄博先进陶瓷各个分支产业 5 年发展迅速，各级政府的有利政策和当地政府优势主导起到了积极作用。

3. 淄博先进陶瓷专利布局分析

图 3-8 展示出了淄博先进陶瓷五大技术分支在不同时间段的专利申请对比，不难发现，淄博先进陶瓷五大分支技术在各个不同时间段的专利申请均得以迅速增长，技术水平取得了相应的进步和突破。特别是，第三个时间段（2008—2011 年）的专利申请相对于第二个时间段（2004—2007年）发生了跳跃式增长，其中结构陶瓷、生物陶瓷、光功能陶瓷和磁功能陶瓷，它们在第三时间段的增长幅度远高于第二时间段的增长幅度；五大分支技术在第四时间段（2012—2015 年）的增幅相对而言已趋于平缓，特别是光功能陶瓷和生物陶瓷的增幅更是缓和一些。这也表明，五大分支技术经过迅速发展后，相关产业的专利申请已在各自的"领地"进行了布局，更进一步的发展需要技术上突破和创新，也需要通过一定程度的技术积累和沉淀。

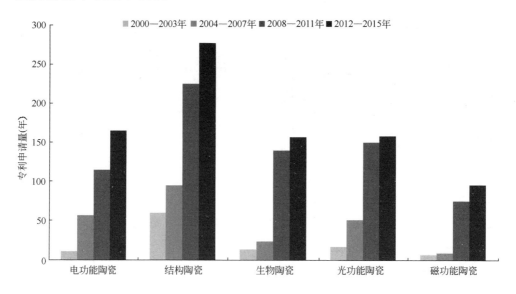

图 3-8 淄博先进陶瓷五大技术分支在不同时间段的专利申请对照图

4. 淄博先进陶瓷专利创新能力分析

在政府的主导和扶持下，淄博先进陶瓷创新活跃性整体上高于全国平均水平，虽然整体增长趋势较显著，但其并非每年均增长，其中也经历不同程度的起伏；虽然受各种因素的影响，其增长率也会出现时涨时跌的波动，但其逐年波动幅度、年增长率等因素稳定能体现出园区的整体态势和情况。

图 3-9 展示出淄博先进陶瓷申请量年增长率与全国的对比，从该图可以看出，在全国大环境基本上相同的情况下，淄博先进陶瓷的年增长率的起伏波动性较大，明显不如全国稳定，甚至还伴随有负的年增长率，这表明其技术创新程度还不够，技术突破不连贯、技术攻关的主动性不足，在某种程度上说，企业对政府的帮扶依赖度较明显。

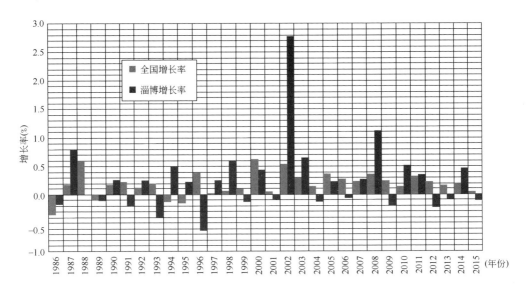

图 3-9　淄博先进陶瓷申请量逐年增长率变化图

从以上分析来看，淄博先进陶瓷受国内环境影响明显，目前的专利申请数量相对而言还是比较少、其布局还是比较狭窄，离形成"强而有力"专利分布网任重而道远。

▶▶ 3.1.4 淄博先进陶瓷与其他四大陶瓷基地对比

1. 五大陶瓷基地功能性先进陶瓷专利申请比较

淄博、佛山、唐山、德化和景德镇是中国五大著名的陶瓷基地，为了更好地了解它们的相互关系，我们对其进行横向比较，图 3-10 展示出中国五大陶瓷基地的先进陶瓷申请量情况，从该图可以看出：在国内五大陶瓷基地中，淄博先进陶瓷的申请量位居第一位，佛山先进陶瓷的申请量稍微低于淄博，属于第一梯队，而景德镇、唐山和德化在先进陶瓷方面的申请量相对于淄博、佛山而言，专利申请量均没有达到两者的一半，可划分为第二梯队。从以上分析可知，淄博的先进陶瓷在国内拥有一定的水平和地位。

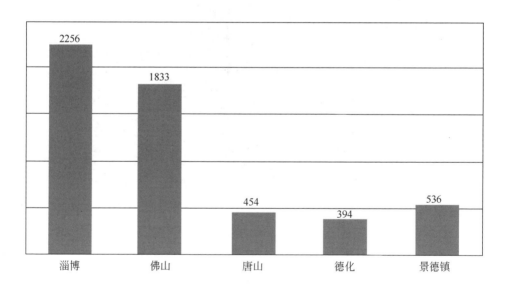

图 3-10　中国五大陶瓷基地的先进陶瓷申请量比较（单位：件）

2. 五大陶瓷基地先进陶瓷的五大技术分支的专利分布

为了更好地了解淄博先进陶瓷在国内的专利水平及其状况，我们选取了国内有典型代表性的其它四大陶瓷基地，与淄博进行比较研究。进一步对其五大技术分支情况作进一步的比较分析，如图 3-11 所示中国五大陶瓷基地的先进陶瓷五大技术分支的专利申请情况，从该图可以发现：从五大技术分支来看，五大先进陶瓷基地各自保持有自己的优势，例如，淄博在结构陶瓷、生物陶瓷以及电功能陶瓷方面具有一定的优势；而佛山在光功能陶瓷、结构功能陶瓷以及电功能陶瓷方面具有一定的优势，且佛山在光功能陶瓷方面的申请量要明显高于淄博；而淄博在结构功能陶瓷、电功能陶瓷方面的申请量只是稍微高一点。从侧面也表明国内竞争激烈，都在竞相占领专利"制高点"。

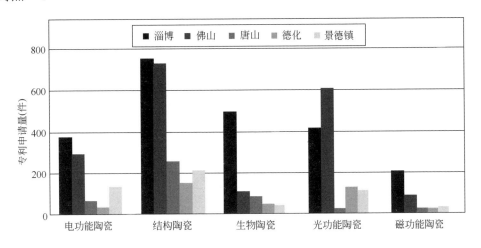

图 3-11　五大陶瓷基地先进陶瓷五大技术分支比较

3. 五大陶瓷基地的五大技术分支的专利申请的授权情况

为了进一步了解淄博先进陶瓷在国内的专利状况，我们对五大陶瓷基地的专利申请的平均授权率作了比较，图 3-12 展示出中国五大陶瓷基地的先进陶瓷的专利申请的平均授权率情况，从该图可以发现，淄博、佛山、唐山、德化、景德镇的授权率分别为 40.50%、41.91%、30.71%、45.45%、47.33%，由此可见，淄博的专利申请的授权率相对而言稍微低，存在提升空间。

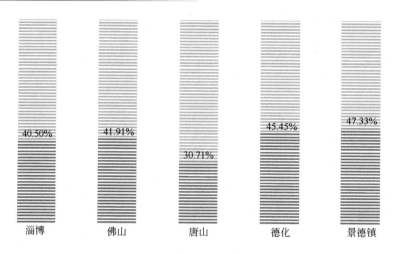

图 3-12　五大陶瓷基地先进陶瓷平均授权率比较

3.2　企业创新

▶▶ 3.2.1　淄博先进陶瓷专利分布分析

1. 国际 PCT 申请及他国专利申请布局情况

国际市场的 PCT 申请往往表明其对专利申请的市场占有预期，其对专利申请质量、水准方面也潜在性地提出了相应的要求；同样，申请人认为其专利申请具有较高的专利价值、且希望拥有相应的海外市场和份额，申请人也必然要求在相应的海外目的地国家进行专利布局，自然会有相应的他国专利申请。

表 3-1 展示出了淄博先进陶瓷五大技术分支的 PCT 申请和海外专利申请，从表 3-1 来看，淄博各类技术分支的先进陶瓷在近年的申请虽然都有了较大的发展，但各类技术分支专利申请在国际市场及其他国家市场的布局极少。其中五大先进陶瓷提交 PCT 申请的专利只是极少数，除了 PCT 申请外，在其他国家的申请专利布局也是少之又少。

表 3-1 淄博先进陶瓷五大技术分支的 PCT 申请和海外专利申请

技术分类	PCT 申请（件）	在他国申请（件）
电功能陶瓷	①	①
结构陶瓷	③	①
磁功能陶瓷	②	①
生物陶瓷	②	①
光功能陶瓷	②	①

2. 淄博先进陶瓷五大技术分支的分布情况

从表 3-2 来看，淄博，中国及至全球，它们的先进陶瓷五大技术分支的产业专利分布区别较大。就全球而言，电功能陶瓷和结构陶瓷的专利申请量分别居于第一、第二位，且它们远高于其它三大技术分支；就中国来说，电功能陶瓷和结构陶瓷的专利申请量仍然是分别保持了第一、第二的位置，且二者的专利申请量也是远高于其它三大技术分支；但是淄博先进陶瓷的五大技术分支的情况却截然不同，其中结构陶瓷的专利申请量排名第一，电功能陶瓷、生物功能陶瓷以及光功能陶瓷三者的差别不太大，磁功能陶瓷与其它功能陶瓷的差距较大。淄博先进陶瓷五大技术分支在全国的占比，与在全球的占比也不一致，存在明显差别，这些均表明淄博的先进陶瓷五大技术分支的产业比例存在不合理性。

表 3-2 淄博先进陶瓷五大技术分支专利申请分布

统计项目	电功能陶瓷	结构陶瓷	磁功能陶瓷	生物陶瓷	光功能陶瓷
全球申请量（件）	87012	58620	14543	23824	13100
全国申请量（件）	16644	14896	4599	5875	4666
淄博申请量（件）	378	757	205	498	418
淄博占全球比例	0.43%	1.29%	1.41%	2.09%	0.32%
淄博占全国比例	2.27%	5.08%	4.46%	8.48%	3.17%

3. 淄博先进陶瓷各技术分支的占比分析

图 3-13 展示出了淄博先进陶瓷五大技术分支的占比对照,从该图可以看出,全球先进陶瓷五大技术分支中,虽然结构陶瓷所占比例最大,但它们各自的占比差距不大;中国先进陶瓷五大技术分支的占比与全球具有差异;淄博先进陶瓷五大技术分支的占比与全球的差距较大,即先进陶瓷五大技术分支申请量的分布比例与全球各分支的分布比例不协调、不一致,淄博产业技术重点方向与国际重点发展方向也不吻合、不平衡,尤其是在电功能陶瓷领域,淄博的电功能陶瓷占比明显低于全球和中国的平均水平。

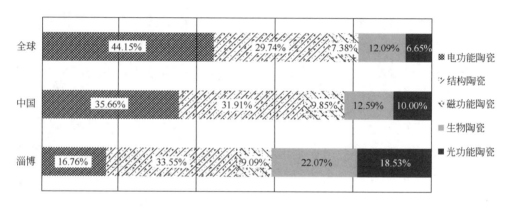

图 3-13　淄博先进陶瓷五大技术分支占比对照

▶▶ 3.2.2　淄博先进陶瓷专利布局分析

1. 淄博先进陶瓷主要申请人及其专利分布

表 3-3 展示出了淄博先进陶瓷研究机构或企业在五大技术分支的专利申请分布,从中不难看出,除了申请量相对较高的山东理工大学外,各主要申请人特别是主要相关企业的专利申请量都不高,专利申请比较分散,这说明淄博地区缺乏实力突出的先进陶瓷专利龙头企业。

表3-3　淄博先进陶瓷企业在五大技术分支的专利申请分布　（单位：件）

淄博企业	电功能陶瓷	结构陶瓷	磁功能陶瓷	生物陶瓷	光功能陶瓷
山东理工大学	55	105	18	223	150
山东工业陶瓷研究设计院	0	22	9	14	7
中材高新材料股份有限公司	5	9	0	22	14
山东鲁阳股份有限公司	0	16	24	15	0
山东东岳神舟新材料	0	9	0	11	17
山东硅元新型材料	0	0	8	8	3
山东合创明业精细陶瓷	0	7	0	4	7
淄博钰晶新型材料科技	0	15	20	0	0
淄博市周村磊宝耐火材料	0	0	6	0	6
淄博工陶耐火材料	2	0	7	0	5
山东讯实电气	0	7	0	0	3
山东义科节能科技	0	6	0	0	4
山东圣川陶瓷材料	0	0	3	4	0
山东磊宝锆业科技	0	0	4	3	0
山东省硅酸盐研究设计院	2	0	0	0	4
淄博职业学院	11	0	0	0	0
山东红阳耐火保温材料	0	8	0	0	0
淄博汇久自动化技术	0	8	0	0	0
淄博博纳科技	0	8	0	0	0
山东菜茵科技	0	7	0	0	0
山东电盾科技	0	0	6	0	0
山东昊轩电子陶瓷材料	0	0	0	0	5

　　具体而言，其中拥有专利申请量最大的山东理工大学，五大技术分支的总申请量为551件，位居第二、第三、第四、第五和第六的东鲁阳股份有限公司、山东工业陶瓷研究设计院、中材高新材料股份有限公司、山东东岳神舟新材料有限公司和淄博钰晶新型材料科技有限公司的专利申请量分别是55件、52件、50件、37件和35件，它们与第一名之间的差距较大，位于其后的其他企业的申请量基本上在30件以下；而且专利申请涉及三大及以上技术分支的企业少于10家，即绝大多数的企业几乎只涉及单个技术分支领域。

2. 淄博先进陶瓷企业代表与国际龙头企业的比较分析

图 3-14 展示出了淄博先进陶瓷典型企业五大技术分支占比与国际龙头企业对比,从该图可以看出,淄博园区中涉及多个技术分支的企业很少。其中,山东理工大学的专利布局涉及五大技术分支,中材高新材料股份有限公司涉及四大技术分支,山东东岳神舟新材料有限公司和山东工业陶瓷研究设计院涉及三大技术分支,以它们为典型代表,与国际龙头企业进行比较。从中可以看出淄博先进陶瓷企业的五大技术分支格局与国际龙头企业的格局不一致,国外龙头将研究重点集中在电功能陶瓷,而淄博的重点企业在该领域的专利布局较少。

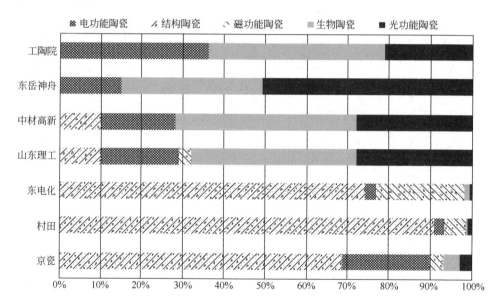

图 3-14 淄博先进陶瓷典型企业五大技术分支占比与国际龙头企业对比

▶▶ 3.2.3 淄博先进陶瓷专利创新力分析

当我们对行业的技术指标进行分析时,必然会对专利数据进行调研分析,因为专利中的各项指标能够明确地反映出整体技术发展脉络、在国内和国际所处地位、创新能力强弱分布等。本节将通过先进陶瓷五大分支相关数据客观展现淄博市先进陶瓷领域中创新主体的技术实力。

1. 淄博先进陶瓷五大技术分支的发明授权分析

专利申请数量仅能够反映出研发方向以及对于该领域的重视程度，只有专利的授权情况才能真正反映出要求保护的专利的有效性。图3-15展示出了淄博先进陶瓷五大技术分支的发明专利授权量和授权率，从该图来看，淄博先进陶瓷的五大技术分支中，以授权专利数量排名，依次为：光功能陶瓷、生物陶瓷、结构陶瓷、电功能陶瓷和磁功能陶瓷；按照授权率进行排名为：光功能陶瓷、生物陶瓷、结构陶瓷、磁功能陶瓷和电功能陶瓷。光功能陶瓷的申请总量排在第三，但其授权比例却是最高的。从该图还可以看出，淄博先进陶瓷五大技术分支专利申请的发明授权率不太高。

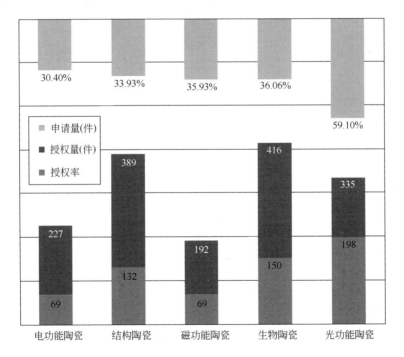

图3-15　淄博先进陶瓷五大技术分支的发明专利授权情况（单位：件）

2. 淄博先进陶瓷五大技术分支的专利权有效性分析

专利申请只有当其被授权并处于有效的状态才能为专利保护带来实质性的作用，也就是说，只有授权的专利且专利权有效的专利才能表明其具有专利保护的作用。因为被授权的专利有可能被相关利益人合法"无效"，使得其专利权自始至终丧失，即有权的专利从侧面反映出其专利申请的质量。

图 3-16 展示出了淄博先进陶瓷五大技术分支的专利状态。从该图可以看出，淄博先进陶瓷五大技术分支的有效专利的比例并不高，除了电功能陶瓷略高于 50% 外，其它均低于 50%，排名第二的磁功能陶瓷有效率为近 45%，结构陶瓷、生物陶瓷和光功能陶瓷的有效率都在 40% 以下。

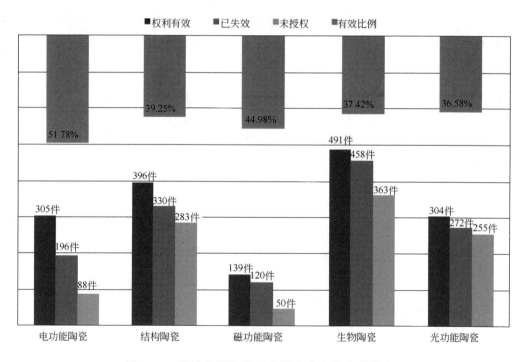

图 3-16 淄博先进陶瓷五大技术分支的专利状态

3. 淄博先进陶瓷五大分支有效专利类型比例分析

图 3-17 展示出了淄博先进陶瓷五大技术分支有效专利分布，通过进一步分析发掘不难看出，其中有效的专利申请中还包括了没有经实质审查而授权

的实用新型专利，且其中的实用新型占有相当的比例。例如，其中专利权有效的电功能陶瓷虽然高于其它分支的先进陶瓷，达到了52%左右，但其中很大部分是实用新型作出的"贡献"。这其中的实用新型专利是没有经过实质性审查而获得专利权的，其专利权有效性很难得到保证，在其没有被他人"无效"之前均默认为是"有效的"。

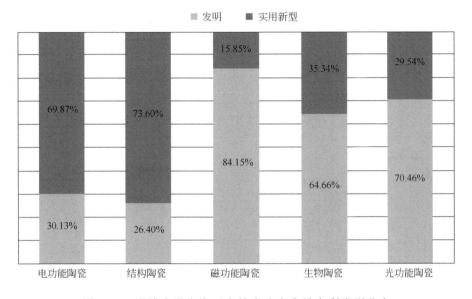

图 3-17　淄博先进陶瓷五大技术分支有效专利类型分布

3.3　创新人才

►► 3.3.1　淄博先进陶瓷五大分支主要发明人分析

淄博地区在各级政府的主导和鼓励下，先进陶瓷的五大技术分支均涌现出一大批优秀企业主体，也正是五大技术分支的优秀企业培育出了各自的研发团队，培养了在各自领域优秀的创新人才。以专利申请量作为申请人创新能力的指标，对淄博先进陶瓷五大技术分支的主体创新能力进行排名，选取各大技术分支中排名前 15 位的发明人的分布情况进行分析，具体见表 3-4。

表 3-4　淄博先进陶瓷五大技术分支主要发明人分布　　（单位：件）

电功能陶瓷		结构陶瓷		生物陶瓷		光功能陶瓷		磁功能陶瓷	
发明人	申请量	发明人	申请量	发明人	申请量	发明人	申请量	发明人	申请量
张家香	21	陈久斌	65	唐竹兴	160	唐竹兴	65	赵保华	28
陈兵	10	徐宝安	47	陈久斌	23	张永明	29	胡长春	8
张敬胜	10	赵保华	15	张永明	23	郭志东	14	鹿成洪	6
赵玉刚	10	郑斌	14	魏春城	17	陈久斌	13	王光强	6
郭民	7	刘永启	13	郭志东	9	赵玉刚	13	袁国梁	6
李艳	6	赵玉刚	13	翟建昌	7	魏春城	10	张启山	6
王玉峰	6	姚长青	12	高礼文	6	徐宝安	9	韩克进	5
郭民	5	魏春城	10	张伟儒	6	杨乃涛	8	唐竹兴	5
韩致永	5	张永明	9	宋道伟	5	张龙宜	8	鲍猛	4
任旗	5	尹彬	8	李成峰	4	姚长青	7	陈俊红	4
陈久斌	4	崔智	7	孟凡涛	4	陈大明	6	李峰芝	4
郭桂秋	4	陈大明	6	石汝军	4	王光强	6	陈久斌	3
孙福振	4	李宗立	6	吴师岗	4	刘俊成	5	李化全	3
孙启玉	4	刘文静	6	张桂香	4	宋爱谋	5	任允鹏	3
张桂香	4	陆其军	6	鲍猛	3	谭小耀	5	杨乃涛	3

从表 3-4 可以看出，淄博先进陶瓷五大技术分支的主要发明人均具有一定的研发创新能力。

在电功能陶瓷领域，主要发明人包括张家香、陈兵、张敬胜和赵玉刚，其中张家香的申请量最高，为 21 件，陈兵、张敬胜和赵玉刚的申请量都是 10 件，其他发明人的申请量都在 10 件以下。

在结构陶瓷领域，陈久斌的专利申请最高，达 65 件，徐宝安排名第二也达到 47 件，其他申请的申请量都在 20 件以下。

唐竹兴在生物陶瓷方面的专利申请达 160 项、在光功能陶瓷方面的专利申请达 65 项，是这两个领域排名第一的发明人；生物陶瓷申请量超过 20 件的发明人还有陈久斌和张永明，张永明在光功能陶瓷领域的申请量也达到

29 件，其他人员的申请量都在 20 件以下。

磁功能领域专利申请量最高的申请人为赵保华，申请量为 28 件，其他发明人的申请量都在 10 件以下。

▶▶ 3.3.2 淄博先进陶瓷五大分支主要发明人技术领域分布

淄博地区先进陶瓷主要发明人中，有多领域发展的发明人，如表 3-5 所示。从该表可以看出，唐竹兴、郭志东、魏春城、张桂香和赵玉刚等发明人的专利申请至少涉及四大技术分支领域，此外丁锐、鹿成洪、张永明和周爱萍等发明人的专利申请涉及三大技术分支领域。

表 3-5　淄博先进陶瓷五大技术分支主要发明人及其领域分布

发明人	电功能陶瓷	结构陶瓷	磁功能陶瓷	生物陶瓷	光功能陶瓷	分支数
唐竹兴	●	●	●	●	●	5
郭志东	●		●	●	●	4
魏春城		●	●	●	●	4
张桂香	●	●		●	●	4
赵玉刚	●	●		●	●	4
丁锐	●			●	●	3
鹿成洪		●	●	●		3
张永明		●		●	●	3
周爱萍		●		●	●	3
宫明辉		●		●		2
王洪升				●	●	2
王艳艳		●		●		2
陈大明		●			●	2
乐红志		●		●		2
李成峰				●	●	2

发明人	电功能陶瓷	结构陶瓷	磁功能陶瓷	生物陶瓷	光功能陶瓷	分支数
李艳	●	●				2
刘俊成		●			●	2
刘永启		●			●	2
马立修		●			●	2
孟凡涛		●		●		2
沈君权		●			●	2
孙福振	●	●				2
田贵山				●	●	2
王光强			●		●	2
杨乃涛			●		●	2
翟萍				●	●	2
张启山			●		●	2
赵保华		●	●			2

3.4 专利运营

▶▶ 3.4.1 淄博先进陶瓷专利的运营情况

图 3-18 展示出了淄博先进陶瓷五大技术分支的专利运营状态,从该图可以看出,淄博先进陶瓷企业已经有了专利保护、转移和运营的意识,且进行了相应的专利运营活动,其中最为活跃的是结构陶瓷,其活跃度为 13.36%;活跃度最低的是电功能陶瓷,为 8.20%。这表明淄博先进陶瓷企业在五大技术分支均具有了专利运营意识,但活跃程度还远不够,有待加强。

▶▶ 3.4.2 淄博先进陶瓷专利的转让情况

表 3-6 展示出了淄博先进陶瓷五大技术分支专利转让状态表,从表 3-6

来看，淄博先进陶瓷企业间结构陶瓷的专利转让数量最高，为 50 件，其次为生物陶瓷和光功能陶瓷分别为 30 件和 29 件，电功能和磁功能陶瓷的专利转让数量相对较少，分别为 18 件和 9 件。

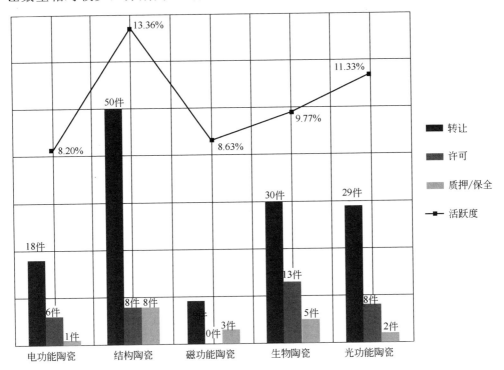

图 3-18　淄博先进陶瓷五大技术分支专利运营情况

表 3-6　淄博先进陶瓷五大技术分支专利出让情况

技术分支	专利出让人	出让专利数（件）
电功能陶瓷	淄博惠杰电气技术开发有限公司	1
	山东理工大学	1
	华北电力科学研究院有限责任公司	1
	国家电网公司	1
光功能陶瓷	山东理工大学	6
	山东天大傅山工程技术研究院	2
	山东迅实电气有限公司	2
	淄博国利新电源科技有限公司	1
	淄博绿能环保设备科技有限公司	1

续表

技术分支	专利出让人	出让专利数（件）
光功能陶瓷	淄博同迈复合材料有限公司	1
	国家电网公司	1
磁功能陶瓷	山东天大傅山工程技术研究院	2
	淄博国利新电源科技有限公司	1
	山东理工大学	1
	山东齐鲁华信实业有限公司	1
	淄博阿卡狄亚陶瓷有限公司	1
结构陶瓷	山东电力集团公司	4
	淄博绿能环保设备科技有限公司	4
	山东迅实电气有限公司	4
	淄博唯能陶瓷有限公司	3
	山东硅苑新材料科技股份有限公司	2
	淄博运特能源科技有限公司	1
	山东鹏程特种陶瓷有限公司	1
	山东铝业股份有限公司	1
	淄博金阳新能源科技有限公司	1
	博山华新防腐蚀泵研究所	1
	山东科汇电气股份有限公司	1
	中国石化集团齐鲁石油化工公司	1
生物陶瓷	山东硅苑新材料科技股份有限公司	3
	中钢集团马鞍山矿山研究院有限公司	1
	淄博运特能源科技有限公司	1
	山东鹏程特种陶瓷有限公司	1
	青岛申达高新技术开发有限公司	1
	山东皇冠控股集团有限公司	1

►► 3.4.3 淄博先进陶瓷企业间的合作分析

表 3-7 展示出了淄博先进陶瓷五大技术分支专利合作情况，从该表可以看出，淄博先进陶瓷企业间已开展专利合作，合作主要集中在淄博本地区或中国大陆地区，与国内、国外大公司之间合作较少。

表 3-7　淄博先进陶瓷五大技术分支专利受让情况

技术分支	专利出让人	专利受让数（件）
电功能陶瓷	淄博兰雁集团有限责任公司	1
	山东理工大学	1
	淄博博山孟友钢化玻璃制品厂	1
	山东惠工电气股份有限公司	1
光功能陶瓷	淄博晟钛复合材料科技有限公司	2
	中铁电气化勘测设计研究院有限公司	2
	山东迅实电气有限公司	2
	淄博绿能环保设备科技有限公司	1
	淄博君行电源技术有限公司	1
	山东理工大学	1
	国家电网公司	1
磁功能陶瓷	淄博晟钛复合材料科技有限公司	2
	淄博君行电源技术有限公司	1
	山东齐鲁华信高科有限公司	1
结构陶瓷	山东电力集团公司淄博供电公司	4
	山东迅实电气有限公司	4
	国家电网公司	4
	淄博绿能环保设备科技有限公司	3
	淄博环能海臣环保技术服务有限公司	3
	山东鼎汇能科技股份有限公司	3
	山东硅元新型材料有限责任公司	2
	中国电力科学研究院	2
	中铁电气化勘测设计研究院有限公司	2
	淄博华舜耐腐蚀真空泵有限公司	1
	山东润国机电设备股份有限公司	1
	山东科汇电力自动化有限公司	1
	中国石油化工股份有限公司	1
生物陶瓷	山东硅元新型材料有限责任公司	3
	淄博硅元泰晟陶瓷新材料有限公司	1
	中钢集团马鞍山矿院新材料科技有限公司	1
	莱芜钢铁集团有限公司	1
	山东皇冠陶瓷科技有限公司	1

表 3-8　淄博先进陶瓷五大技术分支专利合作情况

分支技术	第一申请人	第二申请人	合作专利数（件）
电功能陶瓷	中材高新材料股份有限公司	山东工业陶瓷研究设计院	3
	中材高新材料股份有限公司	中材江西电瓷电气有限公司	1
	山东派力迪环保工程有限公司	上海复启环境科技有限公司	1
	中材高新材料股份有限公司	华为技术有限公司	1
	淄博齐瑞德光电技术有限公司	北京齐瑞德光电科技有限公司	1
	淄博前景照明电器有限公司	冯传路	1
结构陶瓷	中材高新材料股份有限公司	山东工业陶瓷研究设计院	8
	淄博钰晶新型材料科技有限公司	赵保华	7
	山东圣川陶瓷材料有限公司	北京科技大学	2
	山东长运光电科技有限公司	王树铎	2
	山东迅实电气有限公司	淄博兆云雷电防护研究中心	1
	上海焦化有限公司	中国建筑材料科学研究院	1
	中材高新材料股份有限公司	中材江西电瓷电气有限公司	1
	淄博市鲁中耐火材料有限公司	山东圣川陶瓷材料有限公司	1
	淄博卡普尔陶瓷有限公司	广东东鹏控股股份有限公司	1
	淄博泰山瓷业有限公司	段伦伟	1
生物陶瓷	中材高新材料股份有限公司	山东工业陶瓷研究设计院	21
	山东圣川陶瓷材料有限公司	北京科技大学	4
	山东中博先进材料股份有限公司	北京玻璃钢研究设计院	2
	山东长运光电科技有限公司	王树铎	2
	淄博卡普尔陶瓷有限公司	广东东鹏控股股份有限公司	1
	山东硅苑新材料科技股份有限公司	北京晶雅石科技有限公司	1
	中材高新材料股份有限公司	华为技术有限公司	1
	淄博钰晶新型材料科技有限公司	赵保华	1
光功能陶瓷	中材高新材料股份有限公司	山东工业陶瓷研究设计院	13
	淄博泰光电力器材厂	国家电网	3
	山东长运光电科技有限公司	王树铎	2
	中材高新材料股份有限公司	华为技术有限公司	1
	淄博博纳科技发展有限公司	河北工业大学	1
	淄博钰晶新型材料科技有限公司	赵保华	1
	淄博兆亿保健用品实业有限公司	徐志昌	1
	淄博环能海臣环保技术服务有限公司	徐宝安	1

续表

分支技术	第一申请人	第二申请人	合作合作专利数（件）
磁功能陶瓷	淄博钰晶新型材料科技有限公司	赵保华	9
	山东圣川陶瓷材料有限公司	北京科技大学	3
	中材高新材料股份有限公司	中材江西电瓷电气有限公司	1
	淄博市鲁中耐火材料有限公司	山东圣川陶瓷材料有限公司	1
	中材高新材料股份有限公司	山东工业陶瓷研究设计院	1
	山东硅苑新材料科技股份有限公司	北京晶雅石科技有限公司	1
	淄博泰光电力器材厂	国家电网	1

3.5 产业链分布

▶▶ 3.5.1 淄博先进陶瓷的申请人产业链分布情况

淄博先进陶瓷领域的主要企业和研究机构主要集中在张店区、淄川区和博山区，以此三区为重点对其产业链进行分析，选取了其中具有代表性的企业，其产业链情况见表3-9。

从表3-9来看，淄博先进陶瓷产业中，张店区的相关企业和研究机构涵盖了先进陶瓷产业链的上游、中游和下游，产业链结构分布较完善；淄川区的相关企业主要集中在中游和上游，下游产业缺乏；博山区的相关企业和研究机构则主要集中于中游产业。

总体来看，淄博先进陶瓷产涵盖了上游、中游和下游的整个产业链，但是下游和上游产业相对薄弱。

表 3-9   淄博先进陶瓷的申请人产业链分布

区县名称	涵盖产业链情况	代表申请人
张店区（核心区）	上、中、下游	山东理工大学
		中材高新材料股份有限公司
		山东工业陶瓷研究设计院
		山东合创明业精细陶瓷有限公司
		山东硅元新型材料有限责任公司
		淄博钰晶新型材料科技有限公司
淄川区	中（上）游	山东圣川陶瓷材料有限公司
		山东昊轩电子陶瓷材料有限公司
		山东省硅酸盐研究设计院
		山东电盾科技有限公司
博山区	中游	淄博工陶耐火材料有限公司
		淄博华舜耐腐蚀真空泵有限公司
		博山宝丰陶瓷机械有限公司
桓台县	—	山东东岳神舟新材料有限公司
周村区	—	淄博市周村磊宝耐火材料有限公司
沂源县	—	山东鲁阳股份有限公司

▶▶ 3.5.2 淄博先进陶瓷产业链的典型代表及其布局

表 3-10 展示出了淄博先进陶瓷典型企业产业链分布，需要说明的是该表仅从专利的分布来看产业链的布局，并不代表相关企业或研究机构实际从事生产和制造的产业（以后不再赘述）。从该表来看，淄博先进陶瓷企业或研究机构中，其专利在产业链的上、中、下游均有分布，特别是山东理工大学、中材高新材料股份有限公司、山东工业陶瓷研究设计院等研究机构或企业，但产业链分布完善的企业较少。

表 3-10 淄博先进陶瓷典型企业产业链分布

申请人代表	上游	中油	下游
山东理工大学	☆	☆	☆
中材高新材料股份有限公司	☆	☆	☆
山东工业陶瓷研究设计院	☆	☆	☆
山东合创明业精细陶瓷有限公司	☆	☆	☆
山东硅元新型材料有限责任公司	☆	☆	
淄博钰晶新型材料科技有限公司	☆		☆
山东圣川陶瓷材料有限公司	☆	☆	
山东昊轩电子陶瓷材料有限公司		☆	
山东省硅酸盐研究设计院		☆	
山东电盾科技有限公司	☆	☆	
淄博工陶耐火材料有限公司		☆	
淄博华舜耐腐蚀真空泵有限公司		☆	
博山宝丰陶瓷机械有限公司		☆	

➤➤ 3.5.3 淄博先进陶瓷典型代表在三级分支中环节分析

表 3-10 展示了淄博先进陶瓷典型企业上、中、下游各三级分支分布状态，从该表可以看出，淄博先进陶瓷企业基本形成了完整的上、中、下游产业链。从产业链分布上的三级分支技术来看，山东理工大学、中材高新材料股份有限公司、山东合创明业精细陶瓷有限公司、山东硅元新型材料有限责任公司等，它们都已形成了各自的产业链。其中，山东理工大学主要集中在上游产业环节，侧重上游新材料、新工艺的研发，更为重视先进陶瓷的基础性研究，例如，上游主要集中在氧化铝、氮化硅、氧化锆、氮化硅等材料方面，中游主要集中在耐热材料方面，下游主要集中在机械加工领域，在环境保护方面也有所涉及。中材高新材料股份有限公司在先进陶瓷领域更侧重上游基础性材料的研发，例如，在上游的氮化硅、氧化铝等陶瓷材料的研发上具有优势，中游主要涉及耐热材料方面。山东合创明业精细陶瓷有限公司、山东硅元新型材料有限责任公司在先进陶瓷产业的新型材料、加工工具等环节有所研发

和拓展，例如上游的氧化铝材料、中游的削磨工具等。山东东岳神舟新材料有限公司、山东鲁阳股份有限公司注重陶瓷产品、元件等中游产品的研究开发。

表 3-11　淄博先进陶瓷典型企业的三级分支分布

申请人	上游					中游					下游		
	氧化铝	氧化硅	氧化锆	碳化硅	其他材料	消磨工具	耐热材料	绝缘器件	燃料电池	陶瓷载体	机械加工	环保	汽车
山东理工	✓	✓	✓	✓	✓	✓	✓	✓		✓	✓	✓	
中材高新	✓	✓	✓	✓	✓		✓	✓			✓	✓	
合创明业	✓	✓				✓					✓		
硅元新材	✓	✓			✓	✓				✓			
钰晶新材					✓						✓		
东岳神州					✓				✓				
山东鲁阳	✓		✓		✓	✓	✓				✓	✓	✓

　　但是从整体上来说，淄博先进陶瓷企业的产业链较单一，例如，上游环节主要集中在氧化铝、碳化硅方面，中游主要集中在耐热材料和削磨工具，下游主要集中在机械加工领域。纳米粉末和成型加工是产业链的核心环节，也是先进陶瓷产业链价值量较高的环节，其核心竞争要素主要为：量产颗粒高均匀度、高纯度，纳米陶瓷粉体的工艺以及粉末配方。然而，淄博先进陶瓷企业乃至中国陶瓷企业也很少并很难达到此技术要求，导致中游加工成品企业的原料粉体依赖进口。

第4章

淄博先进陶瓷
产业发展路径

4.1 产业结构发展路径

在专利密集型产业中，专利不仅是企业生存、发展、壮大过程中需要配置的重要战略资源，更是区域产业整体竞争力提升和参与国际间竞争与合作的重要保障。我们要从专利运用、保护和管理的视角为产业发展提供路线，以专利导航产业发展，站在产业发展的高度，去理解专利在产业发展中的影响力和作用方向，结合全球陶瓷产业发展规律和市场发展趋势，实现专利对产业发展路径的指导。

在这一过程中，通过充分解读全球先进陶瓷专利情报所表征的产业发展趋势和市场竞争态势，充分了解淄博产业园所处发展阶段和内外环境，借鉴发达国家的产业提升路径，结合《淄博新型功能陶瓷材料战略新兴产业区域发展规划》，我们给出了淄博园区的产业调整发展建议。

▶▶ 4.1.1 先进陶瓷技术发展优先级

从本书第 2 章 2.1 节对全球专利数据的分析来看，在新型功能陶瓷最主要的电功能陶瓷、结构陶瓷、生物陶瓷、光功能陶瓷、磁功能陶瓷五个技术分支中，综合总体发展态势、重点国家/地区专利布局方向、主要申请人发展方向、新进入者布局方向、专利运用热点方向、企业协同创新方向等方面可以看出，结构陶瓷和电功能陶瓷是产业发展的重点。

图 4-1 展示出了主要发达国家（日本、德国、美国）先进陶瓷布局情况，图 4-2 展示出了全球、中国和淄博的先进陶瓷布局对比。综合比较来看，电功能陶瓷和结构陶瓷是整个产业的发展重点，同时，作为世界头号强国的美国将发展重点放在生物陶瓷。

基于淄博产业园区的产业现状，建议淄博园区应大力加强电功能陶瓷的投入力度，从政策、资金等多角度支持电功能陶瓷的发展，同时基于淄博在结构陶瓷方面的优势，继续强化结构陶瓷的发展，努力打造结构陶瓷高端产业。

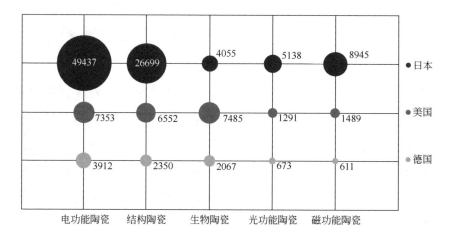

图 4-1　主要发达国家先进陶瓷布局情况（单位：件）

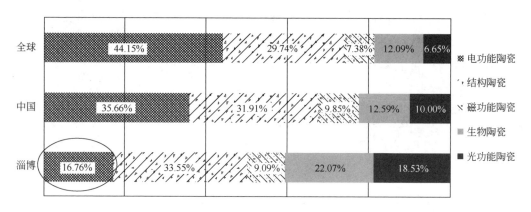

图 4-2　淄博园区五大技术分支领域与全国、全球占比对比图

此外，淄博在生物陶瓷和光功能陶瓷领域也有一定优势，需要继续强化。对于磁功能陶瓷，淄博园区相比全国和全球所占份额处于劣势地位，长期来看应该补齐短板，适度加大磁功能陶瓷支持力度。

▶▶ 4.1.2　上中下游产业发展优先级

结构陶瓷是淄博先进陶瓷领域的骨干力量，发展好结构陶瓷，打造淄博结构陶瓷高端产业将有助于带动淄博整个陶瓷产业的转型升级。对结构陶瓷领域全球申请总量排名前 9 位的国家或地区的上、中、下游分布情况进行统计，如图 4-3 所示；同时对结构陶瓷领域日本、中国、美国、德国四个结构陶瓷研究重点申请国的上、中、下游研究占比进行统计，如图 4-4 所示。

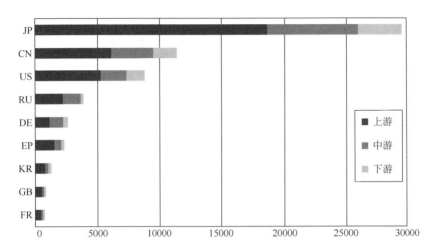

图 4-3　各主要申请国上、中、下游申请量分布情况（单位：件）

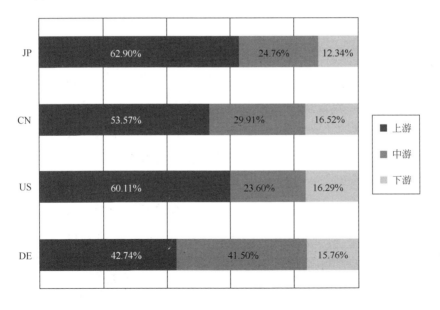

图 4-4　日、中、美、德结构陶瓷上、中、下游申请量占比

从图中可以发现，首先，日本和美国在申请量分布上均侧重上游技术的研发及保护，说明在结构陶瓷产业链中，材料的研发及生产工艺的改进是整个产业链中的基础及核心；其次，日本作为申请量最大的国家，其上游申请量占比更为突出，上游申请量是中、下游申请量之和的近两倍，俄罗斯、欧洲的上游申请量更是占据上、中、下游量之和的 66% 和 75%，可见，掌握结构陶瓷先进技术的国家和地区往往更加注重上游产品的研发和基础性材料的研究；再次，相对于日本等国而言，中国的结构陶瓷产业链结构中。上游申请量与中、下游申请量之和相近，其中，相较于其他国家和地区，中游申请量占比相对较高，这与我国作为陶瓷零部件重要产地有关，相应地，中国对于结构陶瓷上游的基础性研究力量相对薄弱。发达国家，如日本的诸多重点企业均重视上游研发，因此，淄博在结构陶瓷产业布局中应当调整上、中、下游比例，特别是应当提高上游产业优势，加强机械与模具、原料、辅料产业建设。

►► 4.1.3 淄博园区产业结构调整

依托于"一核两区"的建设，目前淄博已经拥有了全产业链的布局，各个区累积、壮大，培育了各自的创新及资源优势，目前发展目标是重点对"一核两区"进行集群式建设，打造以淄博市高新技术产业开发区为核心区，淄川区和博山区为集聚区的淄博新型功能陶瓷材料产业集聚发展的态势。从各区建设来看，淄博产业结构在上、中、下游均有分布，整体结构分布较为完善，但有待合理优化。

具体来说，核心区是重点，依托已经建成的先进陶瓷材料产业创新园和陶瓷新材料高技术产业化示范园，在已经具有的全产业链基础上，重点发力上游产业链。重点加强各特色创新平台的建设，强化核心示范效应，起到技术带动和发展引领作用。提升陶瓷园公共技术支撑服务能力，继续扩大"无机非金属材料公共技术服务平台"在全区的影响力，引领整个淄博先进陶瓷产业跨步发展。

淄川集聚区依托淄川新材料园区，目前尚在建设、配套阶段。建议园区发展粉体新材料，如复合氧化锆、高纯氧化锆、镁铁铝尖晶砖等产品升级，在已有上游产业链上进一步升级扩大影响。

博山集聚区依托博山经济开发区，集聚区目前重点发展电陶瓷以及结构陶瓷，培育发展高温特陶、陶瓷机械及磨具。园区目前具有以宝丰陶机为代表的陶瓷机械及磨具产业结构，在其他区发展粉体制造的情况下，建议博山集聚区着力打造先进机械制造设备，力争在精密加工及超精密测量领域有所突破。

4.2 企业整合培育引进路径

为了有效、快速提升园区产业竞争力和快速发展，需要在对园区产业链中不同环节进行内部整合的同时，引入国内外先进的企业进行重点培育和发展，本节将从园区中远期发展引进/合作企业和近期引进/合作企业两个角度进行分析，进而得出园区企业整合培育引进路径。

我们对园区可能引进企业进行筛选，筛选企业的考虑因素主要包括以下三点：

（1）该企业在先进陶瓷方面是否掌握了高新技术，是否具有较强的创新能力；

（2）该企业的研发方向是否与园区产业调整、发展方向相契合；

（3）该企业是否具有与园区合作发展的意愿。

▶▶ 4.2.1 国外优势企业的引进与合作

从长远目标来看，为了使园区更多的企业最终跻身国际先进企业行列，在不断提升自身技术研发水平的同时，还应注重国际先进企业的合作和引进，将国际上先进的技术、产业发展模式、先进的生产线等引入园区内部。

1. 国外优势企业产业链分布

对先进陶瓷申请量排名前三位的申请人村田、TDK 及京瓷在华产业链分布情况进行统计，其中选择上、中、下游三级分支中代表性材料、器件以及应用领域进行分析，具体见表 4-1。

表 4-1 三家企业上、中、下游三级分支分布情况 （单位：件）

企业	上游				中游						下游				合计
	氧化铝	氮化硅	氧化锆	碳化硅	切削工具	耐热器件	陶瓷轴承	压电陶瓷	绝缘器件	半导体元件	机械加工	电子通信	环保	汽车	
村田	542	35	276	45	5			448	126	9	13	342	7	25	1873
TDK	289	64	66	7	4	4	31	54	37	184	17	109	13	49	928
京瓷	440	90	46	3	20	1		132	12	18	3	63	1	14	843

通过对村田、TDK 及京瓷三家龙头企业在华产业链分布情况来看：首先，国际巨头均将上游、中游产业作为专利技术的重点布局方向；其次，各个企业在产业链的不同环节侧重发展的三级分支也有着明显的差异。

村田在电子通信相关产业链的各个环节都占据了绝对性优势，其在上游陶瓷材料的研发重点为氧化铝和氧化锆陶瓷，尤其是氧化锆陶瓷方面具有绝对优势，中游产品的研发重点是压电陶瓷和绝缘器件（如散热基板、电池绝缘环等绝缘部件），该公司可作为园区内电子领域相关企业的重点引入和合作对象，为园区的电子信息产业提供助力。

TDK 在华产业分布相对集中在中、下游环节，其在陶瓷轴承和半导体器件（温敏陶瓷、气敏陶瓷、湿敏陶瓷等）上的技术优势明显，下游产业中，TDK 在汽车领域的技术研发优于其他两个企业。

京瓷作为结构陶瓷材料的研发重点企业，其产业链主要侧重中、上游的发展，其在氮化硅陶瓷以及切削工具的研发上具有较大优势。

2. 根据意愿，合理引进优势企业

从全球范围来看，村田、TDK及京瓷等功能陶瓷国际巨头均可以作为园区引进的重点对象。这些公司在中国均设有分支机构，如能将这些企业引入园区，将极大提升园区的创新活力，通过发挥国际巨头企业在园区的技术外溢效应，促进整个园区快速健康发展。

图 4-5 展示出了村田、TDK及京瓷这三家陶瓷企业在华产业布局情况。其中，京瓷（中国）商贸有限公司在以天津作为总部的基础上，又在北京、上海、深圳等地设立分公司，此外，还在广州、大连、重庆、西安、长春、青岛、武汉、济南等多地设立办事处；同时，京瓷在中国还建立了多家子公司，如在天津设立京瓷（天津）太阳能有限公司等，在上海设立上海京瓷电子有限公司等，在无锡设立京瓷化学（无锡）有限公司，在东莞设立京瓷办公设备科技（东莞）有限公司、京瓷光电科技（东莞）有限公司等，在香港设立京瓷化成香港有限公司。

TDK 在中国的总部设于上海，即东电化（中国）投资有限公司，同时在青岛设立了青岛提迪凯电子有限公司、在厦门设立厦门 TDK 有限公司、在大连设立 TDK 大连电子有限公司、在香港地区设立香港东电化有限公司、在台湾地区设立台湾东电化股份有限公司、在苏州设立 TDK（苏州）电子有限公司，在东莞东电化（东莞）科技有限公司，在上海设立东电化日东（上海）电能源有限公司，东电化（中国）投资有限公司在北京、深圳、广州、苏州、东莞、青岛、大连等地设立分公司。

村田制作所（中国）总部设在香港，在台湾地区设立了台湾村田股份有限公司，在北京设立了北京村田电子有限公司，在无锡成立生产、销售公司——无锡村田电子有限公司，在上海成立销售公司——村田电子贸易（上海）有限公司，在深圳成立销售公司——村田电子贸易（深圳）有限公司，在天津成立销售公司——村田电子贸易（天津）有限公司，在中国香港成立制造、销售公司——香港村田电子有限公司，在中国广东省深圳市成立制造公司——深圳科技有限公司，在中国上海成立中华地区销售统括公司——村田（中国）投资有限公司。此外，在四川大学、浙江大学、中国科学技术大学、武汉大学实施助学金制度。2007 年 3 月在村田（中国）投资有限公司增资并设立了内部研发中心，2007 年 4 月成立了村田（中国）投资有限公司浦东分公司，与赛诺电子技术（上海）有限公司共同进行研发工作。

可见，上述三家巨头企业不仅在陶瓷技术上具有世界顶尖的研发水平、超强的创新实力，同时也非常看重中国市场，与中国各地企业形成了深度合作，与我国企业的合作意愿相对浓厚，增加了园区与之开展合作的可能性。园区不仅可以将优秀的生产线引入企业中，还可以通过引进人才和技术方式与村田建立合作关系。

通过对这三家企业产业链中、下游的产品及应用领域的分布情况进行分析，园区可以根据自身意愿，合理引进优势企业。

►► 4.2.2　国内优势企业的引进与合作

从近期目标来看，除了园区内部培育龙头企业之外，还应以开放的心态，引入国内优势企业，弥补园区薄弱或空白的技术领域，引进该领域具备创新实力的企业，与其合作，进而激活产业集群竞争，促进企业健康发展。

1. 国内优势企业产业链分布

根据前面提到的三点考量因素，我们筛选出国内先进陶瓷产业的优势企业，见表 4-2。表中根据企业在中国的专利申请量大小顺序排列，并对各个企业上、中、下游三级的专利布局情况进行统计，

由表4-2可以看出，其中，京东方科技集团股份有限公司（以下简称"京东方"）、比亚迪股份有限公司（以下简称"比亚迪"）等企业不仅拥有较多的专利储备，技术上具有明显优势，而且在产业布局上也覆盖了整个陶瓷产业链上、中、下游。

表 4-2 国内申请量较高的企业产业分布情况 　　（单位：件）

企业	上游				中游							下游				合计
	氧化铝	氮化硅	氧化锆	碳化硅	切削工具	耐热器件	陶瓷轴承	压电陶瓷	陶瓷电介质	陶瓷阀	陶瓷载体	机械加工	电子通信	环保	汽车	
京东方科技集团股份有限公司	32	33	9	7	—	40	—	—	64	129	—	—	8	9	—	331
比亚迪股份有限公司	15	4	11	4	7	13	—	13	46	—	15	7	34	9	64	242
中国铝业公司	60	—	1	—	—	11	—	—	—	2	3	10	—	4	—	91
洛阳轴研科技股份有限公司	—	1	—	—	—	—	50	—	—	—	—	1	—	—	—	52
苏州中锆新材料科技有限公司	—	41	6	—	—	—	—	—	—	—	—	—	—	—	—	47
山东国瓷功能材料股份有限公司	1	1	6	—	—	—	—	—	21	—	—	—	—	—	—	29
大连大友高科技陶瓷有限公司	—	14	—	—	—	—	22	—	—	—	—	1	—	—	—	37
合肥龙多电子科技有限公司	—	—	—	30	—	—	—	—	—	—	—	—	—	—	—	30
东莞信柏结构陶瓷有限公司	—	—	17	—	7	—	—	—	—	3	—	—	—	—	—	27
重庆派乐精细陶瓷有限公司	—	—	—	—	22	—	—	—	—	—	—	—	—	—	—	22
苏州阿玛材料科技有限公司	1	—	1	—	2	—	—	—	1	—	—	11	—	1	—	17
浙江铭泰汽车零部件有限公司	—	—	—	—	—	—	—	—	—	—	—	—	—	—	10	10

以京东方为例，其创立于 1993 年 4 月，是一家物联网技术、产品与服务提供商。核心事业包括显示器件、智慧系统等，产品广泛应用于电子通信、能源环保、健康医疗等领域。其在内蒙古鄂尔多斯、重庆、河北固安、江苏苏州、福建厦门等也拥有多个制造基地，营销和服务体系覆盖欧洲、美洲、亚洲等地区。近年来，京东方加大了对先进陶瓷的研究投入，基于强大的人力、财力基础，在陶瓷技术研发上具有较强的创新实力，同时鉴于京东方在我国多地构建制造基地，可以看出该企业具有较强的企业拓展需求，以及联合发展、合作共赢的意愿；此外，京东方在电子通信领域具有雄厚的技术实力，与园区目前电子通信领域相对发展较缓相契合，如果能够将该企业引进园区，可以有效补齐园区短板，提升园区整体实力。

当然，除了可以引进行业先进的领头企业外，表中还给出了可供引进或合作的国内在产业链各个环节中具有优势技术的企业，如洛阳轴研科技股份有限公司、大连大友高技术陶瓷有限公司在陶瓷轴承上具有显著优势；苏州中锆新材料科技有限公司在氮化硅陶瓷材料的研发上具有明显优势，可作为园区的重点目标引入企业。此外，表格中列出的国内企业在陶瓷产业链的各个环节中的特定领域具有明显的研究优势，园区应结合自身优势和需求有目的、有针对性地引入和合作。

接下来对国内重点企业陶瓷相关专利申请量分布情况进行统计，结果见图 4-5 及图 4-6。

京东方是我国领先的创新性企业，2016 年，京东方新增专利申请 7570 件，位居全球业内前列。全球创新活动的领先指标——汤森路透《2016 全球创新报告》显示，京东方已跻身半导体领域全球第二大创新公司。图 4-6 展示出了京东方陶瓷相关专利申请趋势，通过该图可以看出，京东方自 2011 年起加大了对陶瓷相关技术的研发力度，专利申请量大幅增加；基于京东方在技术研发、创新上的雄厚实力，园区可以在电子信息相关产业方向上与京东方这一国内先进的企业合作，打造具有影响力的高端研发中心和产业高地。

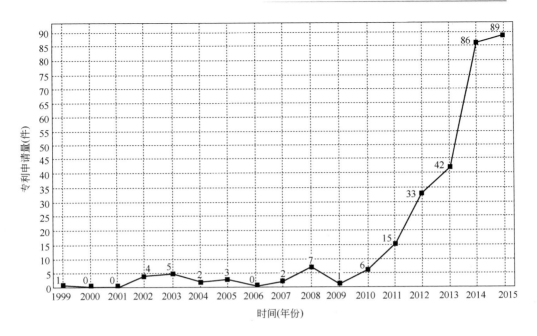

图 4-5　京东方陶瓷相关专利随时间分布

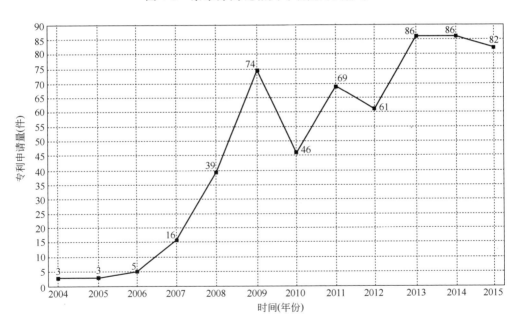

图 4-6　比亚迪陶瓷相关专利随时间分布

由表 4-2 可以看出，比亚迪的专利申请量仅次于京东方，在产业链的各个环节同样进行了布局。根据企业业务侧重点和研究领域差异，比亚迪侧重发展与汽车、电池等产业相关的绝缘器件（电池绝缘环等）耐热元件、压电陶瓷元件等，此外，比亚迪还对陶瓷刹车片、陶瓷发动机等方向进行了产业布局。

比亚迪作为一家国内领先的创新型车企，其非常重视技术创新，截止到2016年，其专利申请总量达到12123件，陶瓷相关专利达到691件（除表4-2中列举的上中游材料、元器件外，还包含了其他上中游新材料、新工艺、新元器件等）。图4-7展示出了比亚迪陶瓷相关专利申请趋势，从该图可以看出，比亚迪近年来陶瓷相关技术创新实力较强，且稳定，具有坚实的研发基础；尤其在新能源汽车相关产品的研发上，如电池、金属陶瓷材料等，比亚迪具有先进的研发团队和核心技术，园区可以与其展开深入的合作，为园区打造绿色、环保的高端产业链提供助力。

2. 根据意愿，合理引进优势企业

首先，通过专利导航平台，吸引专利基础好或期望发展和利用专利体系的企业；其次，通过中试平台，吸引具有产业化需求的企业；最后，通过政策导向，吸引园区政策倾斜方向的企业。

根据园区发展需求，表4-2示意性给出的国内先进陶瓷产业的优势企业均可以作为园区重点引入或合作的对象。其中，根据园区优势、劣势等，引入企业可划分为特定环节强的企业、高成长性企业、填补性配套企业等。例如，苏州中锆新材料科技有限公司、合肥龙多电子科技有限公司更侧重上游的氮化硅陶瓷、碳化硅陶瓷材料的研发，园区在上游产业链中新型材料的研发过程中可以考虑与这些重点企业进行合作。

4.3 创新型人才引进路径

高端、创新型人才的培养既要立足于本地，也要积极地从外部进行引进。本节将从本地区创新型人才培养、外部创新型人才重点引进及以示意性的方式这三个维度分析重点创新型人才，进而得出园区创新型人才培养或引进路径。

接下来将从国内高校创新型人才引进路径、国内企业创新人才引进路径以及国外创新型人才引进路径这三个维度进行分析，最后以示意性的方式分析重点创新型人才，进而得出园区创新型人才培养/引进路径。

对园区可能引进的人才进行筛选时主要的考虑因素包括以下三点：（1）创新人才在先进陶瓷方面是否掌握了高新技术，是否具有较强的研发实力；（2）创新人才的研发方向是否与园区产业调整、发展方向向相合；（3）创新型人才是否具有与园区合作的意愿。

▶▶ 4.3.1 本地区创新型人才培养

以专利申请量作为申请人创新性能力的指标，对淄博本地区申请人创新能力进行排名，对排名前七位的申请人产业链分布情况以及优势技术分布进行分析，具体见表4-3。

表4-3 淄博地区主要申请人产业链分布 （单位：件）

本地申请人	发明人	上游					中游					下游			合计
		氧化铝	氮化硅	氧化锆	碳化硅	其他	削磨工具	耐热材料	绝缘器件	燃料电池	陶瓷载体	机械加工	环保	汽车	
山东理工大学	唐竹兴	28	77	2	63	15	—	15	—	—	3	6	9	—	203
	魏春城	5		8	7	16	—	3	—	—	1	4	6	—	50
	郭志东	—	—	—	—	—	—	15	—	—	—	—	—	—	15
	马立修	—	—	—	—	—	—	—	—	—	—	15	—	—	15
	刘瑞祥	—	—	—	1	—	1	17	—	—	—	1	—	—	20
	白佳海	3	1	2	1	27	1	1	2	—	—	—	1	—	39

续表

本地申请人	发明人	上游					中游					下游			合计
		氧化铝	氮化硅	氧化锆	碳化硅	其他	削磨工具	耐热材料	绝缘器件	燃料电池	陶瓷载体	机械加工	环保	汽车	
山东东岳神舟新材料	张永明	—	—	—	—	—	—	—	—	36	—	—	—	—	36
	唐军柯	—	—	—	—	—	—	—	—	35	—	—	—	—	35
	王军	—	—	—	—	—	—	—	—	29	—	—	—	—	29
	张恒	—	—	—	—	—	—	—	—	23	—	—	—	—	23
山东鲁阳股份有限公司	鹿成洪	6	—	1	—	—	3	17	—	—	—	—	—	—	27
	李京友	5	—	—	—	—	2	18	—	—	—	1	—	—	26
	刘超	2	—	—	—	2	—	14	—	—	—	—	1	1	20
	鹿自忠	—	—	—	—	—	—	18	—	—	—	—	—	—	18
	徐营	—	—	—	—	1	—	15	—	—	—	—	—	1	17
中材高新材料股份有限公司	王重海	1	7	—	1	9	—	7	—	—	—	—	—	—	25
	程之强	1	5	1	2	7	—	4	—	—	—	—	—	—	20
	陈达谦	1	6	—	—	5	—	2	—	—	—	—	2	—	16
	李伶	1	6	—	—	2	—	4	—	—	—	—	—	—	13
	栾艺娜	—	5	—	—	3	—	3	1	—	—	1	—	—	13
淄博钰晶新型材料科技	赵保华	—	—	—	—	4	—	—	—	—	—	2	—	—	6

续表

本地申请人	发明人	上游					中游					下游			合计
		氧化铝	氮化硅	氧化锆	碳化硅	其他	削磨工具	耐热材料	绝缘器件	燃料电池	陶瓷载体	机械加工	环保	汽车	
淄博钰晶新型材料科技	梁东成	—	—	—	—	2	—	—	—	—	—	—	—	—	2
	赵玉岭	—	—	—	—	2	—	—	—	—	—	—	—	—	2
	邹辞阳	—	—	—	—	2	—	—	—	—	—	—	—	—	2
山东硅元新型材料	任允鹏	1	—	—	—	4	1	—	—	—	—	—	—	—	6
	岳剑	1	—	—	—	4	1	—	—	—	—	—	—	—	6
	樊震坤	2	1	—	—	2	—	—	—	—	1	—	—	—	6
山东合创明业精细陶瓷	陈大明	2	1	—	—	—	—	—	—	—	—	4	—	—	7
	张合军	—	—	—	—	—	2	—	—	—	—	1	—	—	3
	高礼文	—	—	—	—	—	—	—	—	—	—	1	—	—	1

从表 4-3 看,无论从产业链分布上还是三级分支技术创新度上,山东理工大学均是淄博本地创新优势最为显著的申请人,其创新型人才储备丰富,且创新型人才研究领域广泛。其中,唐竹兴个人涉及先进陶瓷技术的专利申请就达 200 多件,技术涵盖了先进陶瓷上、中、下游各个环节,4.3.3 小节将针对唐竹兴个人的创新过程进行详细阐述。与其他申请人相比,山东理工大学的核心人才的研究方向主要集中在上游产业环节,先进陶瓷上游申请量占先进陶瓷总申请量的 80%以上,其中尤以唐竹兴、魏春城、白佳海突出,三人更侧重上游新材料、新工艺的研发,更为重视先进陶瓷的基础性研究。通过新材料的研究带动中下游产业的发展,这与世界上先进企业的发展思路吻合,园区在引进人才的时候应重点考

虑。除山东理工大学外，中材高新材料股份有限公司在先进陶瓷领域也更侧重上游基础性材料的研发，王重海、程之强等在氮化硅等陶瓷材料的研发上具有优势，氮化硅作为陶瓷增强材料，广泛应用到各个领域，园区在发展氮化硅陶瓷产业时可以重点考虑上述人才的引入、培养。山东东岳神舟新材料、山东鲁阳股份有限公司的创新型人才更注重陶瓷产品、元件等中游产品的研究开发，张永明在燃料电池（陶瓷以交换膜的形式被应用于燃料电池）上，李京友、鹿自忠在陶瓷耐热材料上的研究均具有显著优势。此外，淄博钰晶新型材料科技、山东硅元新型材料、山东合创明业精细陶瓷等申请人也培养了一批如赵保华、任允鹏、陈大明等创新型人才，其研发项目覆盖了陶瓷产业的各个环节。园区可以根据自身发展重点、薄弱点等选择性地依托本地重点企业、科研院所，对重点领域、核心人才进行储备、培养。

▶▶ 4.3.2 外部创新型人才重点引进

以专利申请量作为申请人创新能力的指标，对园区外部申请人创新能力进行排名，对先进陶瓷各领域重点申请人的核心研究人员以及相应的研发重点进行分析，具体见表4-4。

表4-4 淄博园区外部主要申请人核心研究人员及研究重点

机构类型	机构名称	核心研究人员	研发重点
中国内地高校/科研院所	上海硅酸盐研究所	董绍明、王震、张翔宇	碳化硅陶瓷基复合材料
		蒋丹宇、冯涛	低温烧结技术、封接技术、高纯细晶
	清华大学	沈志坚、林元华、周鑫	陶瓷3D打印
		周济、李勃、李龙土	光子带隙材料、信息功能陶瓷、纳米光电材料、超常电磁介质
		林元华、南策文、沈洋	压敏功能陶瓷、光功能陶瓷

续表

机构类型	机构名称	核心研究人员	研发重点
中国内地高校/科研院所	北京科技大学	白洋、乔利杰	铁电制冷材料、陶瓷基超材料
		郭志猛、罗冀、郝俊杰、林涛	自蔓延高温合成、超细硬质合金工业化生产、先进粉末冶金材料
	天津大学	李亚利、侯峰	高频介质陶瓷、微波介电陶瓷
	北京大学	陈海峰、邵振兴、敖英芳	生物医用陶瓷材料研究
	南京航空航天大学	朱孔军、裘进浩、季宏丽	功能陶瓷粉体的水热合成、无铅压电陶瓷、压电陶瓷器件、生物材料
	哈尔滨工业大学	周玉、贾德昌、杨治华、段小明	航天防热陶瓷基复合材料
国内企业	京东方科技集团股份有限公司	李宏彦、吴桔生、卢克军	基板、封装材料、压电陶瓷元件
国内企业	比亚迪股份有限公司	林信平、任永鹏、向其军、林勇钊、徐强	氧化铝陶瓷、金属陶瓷、陶瓷基板、电池密封组件
	洛阳轴研科技股份有限公司	王东峰、姜韶峰、范雨晴、周海波	陶瓷轴承
	苏州中锆新材料科技有限公司	陈海、陈堤	氮化硅陶瓷、氧化锆陶瓷
	山东国瓷功能材料股份有限公司	张兵、宋锡滨、张曦	氧化铝、氧化锆陶瓷粉体
	东磁股份有限公司	杨武国、丁伯明、李玉平	高性能永久磁铁氧体材料及制造、Mn-Zn铁氧体磁性材料
	苏州珂玛材料技术有限公司	刘先兵	氧化铝、氧化锆陶瓷
国外企业	村田	安藤阳、加藤登、近川修、小川诚、元木章博	压电陶瓷元件、氧化铝陶瓷、半导体陶瓷元件
	TDK	松冈大、古川正仁、佐藤阳、伊东和重	陶瓷基板、半导体陶瓷
	京瓷	冈田英树、江藤大辅、中村成信、村田耕治	氧化铝陶瓷、氮化硅陶瓷

除了立足本地外，还可以以优惠的政策引进外部，例如，上海硅酸盐研究所、清华大学、北京科技大学等在上游新材料、新工艺开发上具有较强的研发实力，拥有一大批重点领域的核心创新人才，园区可以根据自身发展需要从这些优势科研院所、企业引进人才。下面对国内科研院所的核心人才进行重点分析。

上海硅酸盐研究所——于1988年4月设立了高性能陶瓷和超微结构国家重点实验室，实验室现有固定人员78人，其中院士3人（含两院院士1人），研究员39人。自实验室建立以来，先后有2人当选第三世界科学院院士，5人当选世界陶瓷科学院院士，6人获得"国家杰出青年基金"，2人入选"国家新世纪百千万人才工程"，2人入选中组部"千人计划"，23人入选中国科学院"百人计划"。目前国际合作对象已发展到包括美国、英国、日本、德国等的20多所大学及研究所，在国内与清华大学等近30所高校和研究所保持广泛的合作交流。其中，董绍明研究员带领科研团队于2013年在碳化硅陶瓷基复合材料研制及应用方面荣获国家科技进步二等奖，蒋丹宇研究员带领科研团队于2014年在结构陶瓷典型应用条件下力学性能测试与评价关键技术及应用方面荣获国家科技进步二等奖。

清华大学——新型陶瓷与精细工艺国家重点实验室，是教育部系统唯一从事高性能陶瓷材料领域科学研究与人才培养工作的国家重点实验室，现任实验室主任为潘伟教授，学术委员会主任由中国工程院院士李龙土教授担任，学术委员会委员有包括五位院士在内的16位材料科学与工程领域的专家和教授。实验室现有固定人员38人，其中院士1名，博士生导师11人，正高职称15人，副高职称16人，其他实验人员7人。并且其中"杰出青年基金"获得者6人，"长江学者"3人，"新世纪优秀人才支持计划"获得者2人，"跨世纪人才"4人，"北京市科技新星计划"获得者3人，"霍英东青年教师基金"获得者1人，清华大学"百名人才引进计划"2人，"全国十大杰出青年"1人。其中，林元华教授为"国家杰出青年科学基金"获得者，其研究领域主要涉及：（1）氧化物介电、压敏功能陶瓷与薄膜材料；（2）氧化物高温热电材料与器件；（3）氧化物稀磁半导体薄膜与器件；

（4）氧化物光功能材料等。其在2009年荣获教育部自然科学二等奖，并在2013年被选为"长江学者"特聘教授。周济教授，作为教育部"长江学者"特聘教授、"国家杰出青年基金"获得者，其带领的科研团队在光子带隙材料、信息功能陶瓷、纳米光电材料、超常电磁介质等方向获得了突出的技术成果。

北京科技大学——1985年成立特种陶瓷粉末冶金研究室。并基于国家能源发展战略的迫切需求，在葛昌纯院士倡议和学校学院的支持下，在特种陶瓷粉末冶金研究室基础上，于2013年成立核能与新能源系统材料研究所，以清洁高效的先进核能发电系统、太阳能发电系统、风能发电系统、航空发动机系统的关键材料为研究对象，以粉末冶金技术、燃烧合成技术、涂层技术为支撑，开展先进金属材料、先进陶瓷材料、先进复合材料的成分设计、制备技术和应用研究，通过合金强化、弥散强化、纤维增韧提高材料的强韧性、抗腐蚀性、抗辐照性能。通过承担各类研究项目，为国家培养能源领域的科技人才。其中，白洋教授在传统铁性功能陶瓷与新兴超材料结合方向进行探索——发挥材料本征功能特性、结合人工微结构设计，取得了一系列创新性成果，入选中组部首批"青年拔尖人才"，教育部"新世纪优秀人才"计划，获中国腐蚀与防护学会科学技术一等奖和中国电子学会电子信息科学技术二等奖，近年来主持多项国家自然科学基金等国家级及省部级科研项目，发表SCI论文104篇，出版中英文学术专著4本。郭志猛教授在自蔓延高温合成（SHS）超细硬质合金工业化生产、金属凝胶注模成型技术、先进粉末冶金材料、磁性材料等方向上获得了突出成就，先后出版著作4部，学术论文被SCI、EI、ISTP收录40多篇，并多次承担国家"973""863"计划课题、国家自然科学基金、国防科工委以及横向项目，获国家科技发明四等奖一项、教育部科技进步二等奖一项、部级科技进步二等奖二项，享受政府特殊津贴。

天津大学、北京大学、南京航空航天大学、哈尔滨工业大学的李亚利、陈海峰、朱孔军、周玉等带领的科研团队也在陶瓷领域中获得突破性研究成果。此外，从长远发展的角度看，园区的引进对象还可以包括国外优势企业的创新人才，建立长期的人才培养计划，以适应园区的快速、健康发展。

通过积极引进人才，深入实施创新驱动战略，以园区为核心建设山东半岛国家自主创新基础设施、科技专项落户，与国内一流高校院所与大企业合作，共同打造重大创新平台，为构建"一区多园"创新发展格局提供坚实基础。

►► 4.3.3　重点创新人才分析

以核心的创新型人才唐竹兴为例，对其各个年代专利申请情况进行统计，进而分析该创新型人才在先进陶瓷产业链各个环节研究重点、创新密集程度随时间的变化进行分析，具体见图 4-7。

唐竹兴目前就任于山东理工大学材料学院，副教授、硕士生导师。其主要从事无机非金属材料、陶瓷基复合材料的新型制备技术和应用、多孔陶瓷及其复合材料的结构设计制备、高温煤（烟）气体除尘脱硫技术等方面的教学与科研工作。先后主持或参加"七五"攻关项目、"八五"攻关项目、军工"八五"攻关项目、山东省自然科学基金、"863"计划及横向开发项目等16 项。其参与或主持的有关先进陶瓷的课题项目主要包括：中国石化股份有限公司国产化项目"壳牌煤气化装置飞灰过滤器滤芯研制"、北京盘基机电设备有限公司"高温气体、液体陶瓷过滤器元件"、中材高新"氧化铝特种陶瓷致密化技术研究"、南京微波"大型氧化铝管"。通过图 4-7 可以看出，唐竹兴 2010 年前的创新研究集中在陶瓷中、下游产品的研发上，从 2010 开始，逐渐转向新型材料、工艺的研发，中游产品种类增多，涉及的下游产业也更为广泛，其更加注重陶瓷基础性研究，其中，氮化硅、碳化硅等新材料的研发水平高，研发实力强，可以作为园区功能陶瓷领域的重要专家型人才。

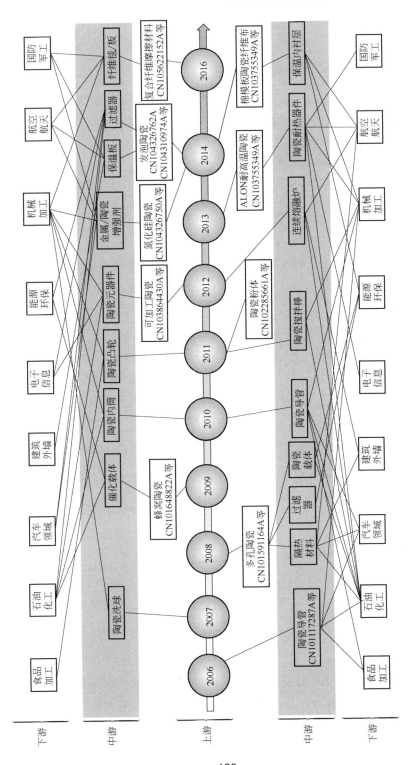

图 4-7　唐竹兴历年研发热点及应用领域

129

4.4 技术创新提升路径

▶▶ 4.4.1 技术创新方法

技术创新是指某一区域或某一企业应用新知识、新技术和新工艺，采用新的生产方式与经营管理模式，以提升产品服务质量，开发生产新产品，提供新服务，最终占领市场份额，实现市场价值，促进经济快速增长。技术创新从本质上讲是一种不断追求卓越与最优化、追求进步与发展的概念，一种通过技术变革，培育新的技术增长点，有效地促进经济快速发展的生产思维。技术创新是一种明显的技术经济活动，市场价值的实现程度和获得经济利润的多少是检验技术创新成功与否的最终标准。

产业链是指建立在产业内部分工和供需关系基础上的一种产业生态图谱，可划分为上、中、下游。上游产业是指处于整个产业链的开端，提供原材料、生产工具以及零部件制造和生产的行业。中游产业是指处于整个产业链的中间位置，加工原材料和零部件，制造中间产品、成品或装配的行业。下游产业是指处在整个产业链的末端，从事应用、最终产品生产和服务等的行业。

产业链中大量存在上、中、下游关系和相互价值的交换，上、中、下游产业之间是相互依存的。没有上游产业提供的原材料或生产工具，中游产业犹如"巧妇难为无米之炊"；若没有中游产业的需求，上游企业的材料也将"英雄无用武之地"；若没有下游产业的生产制品投入市场和服务，中、上游产业则难以为继。产业链将处于同一行业价值实现链条上的各个环节的技术节点切实连接起来，减少各节点之间的转化成本，加强各方的协同，使创新资源迅速集聚与共享，实现技术创新在处于同一产业链上的企业中迅速扩展。在此，提出如图 4-9 所示的基于产业链的"自上而下"型技术创新推动模式；如图 4-8 所示。

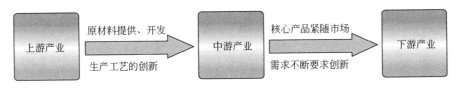

图 4-8　基于产业链的创新模式

在这种创新推动模式中，创新推动主要由处于产业链上游的技术节点发起，通过对原材料及其生产工艺以及设备等的改进与创新，促使处于产业链中游的企业对核心产品进行改变与创新，继而中游产业关于产品的改变与创新又会给处于产业链下游的应用领域节点带来新的机会和思路，带动下游应用领域的扩展、改进与创新。

▶▶ 4.4.2　结构陶瓷技术创新的突破口

在寻求技术创新时，力求以关键技术为突破口，带动整个产业链的技术升级，具体分析结构陶瓷上、中、下游各分支领域的专利申请量和活跃度，如图 4-9 所示。柱形图表示该分支的全球申请总量，折线图表示该分支的活跃度。活跃度指 5 年（2011—2015 年）专利平均申请量与 10 年（2006—2015年）专利申请量的比值，其体现专利技术近期的发展走向和热度。如果活跃度大于 1，则说明该技术处于生长阶段。结构陶瓷经历了几十年的发展至今，上、中、下游各分支领域中绝大部分分支的活跃度大于 1，仍处于平稳增长阶段，但各分支发展情况也有不同。碳化硅和氮化硅材料、光纤光缆、汽车和国防军工领域应用分别是上游、中游和下游中最为活跃的分支，属于较为突出的热点方向，是应当首先重点考虑布局的技术领域。综合考虑申请量和活跃度因素，上游中的氧化铝材料，中游中的耐热材料、导热器件、轴承、切削工具、汽车发动机元件产品，下游中的环保、机械加工领域，也都是应当考虑重点布局的技术领域。

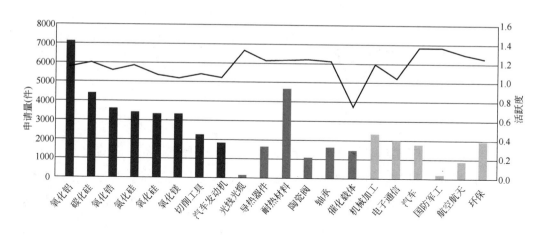

图 4-9　结构陶瓷上、中、下游各分支领域的专利申请量及活跃度

具体地说，上游产业的各种材料中，氧化铝、氮化硅、碳化硅显然是表现最抢眼的几种。

氧化铝基陶瓷材料具有高硬度、耐高温、耐腐蚀和耐磨损等金属材料难以相比的优点，其原材料广泛、价格低廉也是其他陶瓷材料，如碳化硅、氮化硅等无法比拟的（碳化物、氮化物在自然界存在很少，需经人工合成原料，在合成过程中，还要避免与氧气接触，因而成本高）。氧化铝是发展较早、成本低、应用最广的一种陶瓷材料，在航天、航空、发动机耐磨部件、切削工具等方面具有十分诱人的应用前景，是航天、航空能源、冶金等领域中的关键技术和优选材料。目前，精密结构陶瓷所用的原料是采用人工合成的高纯超细粉末，如氧化物和氮化物粉末等，将这些陶瓷超细粉末按选定的比例配合，在严格的成型、烧结等控制条件下制成高精度结构陶瓷。然而，氧化铝化合物的化学键是离子键，有很强的方向性和很高的结合能，致使塑性变形难、脆性大、裂纹敏感性强。氧化铝陶瓷材料的脆性在很大程度上限制了其推广应用，因而近些年氧化铝陶瓷材料的发展速度与氮化硅的相比有一定程度上的减缓。但是，随着复合陶瓷材料研究的兴起和持续发展，基于氧化铝的复合陶瓷材料逐渐替代单纯氧化铝材料成为发展的新趋势，并由于各方面性能的显著改善而显现出广泛的应用前景。

作为高温结构陶瓷家族中重要一员的氮化硅陶瓷，之所以近几十年来受到特别青睐和重视，在于其优异的力学性能、热学性能及化学稳定性，如高的室温强度和高温强度、高硬度、耐磨蚀性、抗氧化性和良好的抗热冲击及机械冲击性能，因此被材料科学界认为是结构陶瓷领域中综合性能优良、最有应用潜力和最有希望替代镍基合金并在高科技、高温领域中获得广泛应用的一种新材料。其优良性能源自其稳定的共价键化合物结构。从分子层面来看，氮化硅的基本结构单元是［SiN_4］四面体，硅原子位于四面体的中心，在其周围有四个氮原子，分别位于四面体的四个顶点，然后以每三个四面体共用一个原子的形式在三维空间形成连续而又坚固的网络结构。同其他具有［MX_4］四面体结构的化合物相比，氮化硅的 Si-N 键的离子性仅为 0.3，是仅次于 SiC 的强共价性化合物。这样的结构决定了氮化硅热膨胀系数低、热导率高，因而耐热冲击性极佳；也决定了其具有较高的强度和抗冲击性，且理论密度低，非常适合在要求高强度、低密度、耐高温的领域代替合金钢使用。另外，与碳化硅等其他四面体结构的化合物相比，氮化硅由于具有中等的 Si-N 键长（0.174nm）和离子性而更加活泼，以及它的阳离子/阴离子比例为 3/4，提供了较为多样的化学匹配来选择化学复合物与之生成固溶体，从而具有更多的复合改性可能，例如，通过生成固溶体来降低烧结温度等。

碳化硅最为人们熟悉的就是其超高的硬度和耐磨性能，其莫氏硬度为9.2～9.3，介于金刚石和黄玉之间。碳化硅的另一重要特性就是其热稳定性，在常压下不能被熔化。其结构至少可以稳定保持到 2300℃。碳化硅的化学稳定性好，在浓酸，甚至在沸腾的浓酸中都是稳定的。碳化硅由于其突出的高硬度、耐磨、高热稳定性而主要用作研磨材料和耐火材料，这两项应用为工业生产碳化硅的主要去向。同时，由于其高的热稳定性及导电性能，也被用于电炉的制热元件。碳化硅本征体是半导体材料，之所以能被用作制热元件，是因为商业化生产中所得到的 α-SiC 中含的杂质改变了其电性能。β-SiC 则由于其结构的完美性主要应用于完全不同的领域，通常用于制备电子元件，利用的是其本征半导体的性质。碳化硅制得的半导体器件具有极好的性能，其最高使用温度显著高于锗、单晶硅等制成的元件。现代大规模高速集成电路由于集成度的飞快发展，其工作时热量散放的急剧增加与硅元件使用温度的限制已经成了其发展瓶颈之一，碳化硅是目前解决这一问题的主要备选材料。

由上述分析可见，氮化硅作为最受关注的陶瓷材料，成为上游应当首先重点布局的领域，氧化铝和碳化硅也由于其优良的性能和广泛应用成为重点布局的领域。

与上游材料密切相关地，中游产业中的光纤光缆、耐热材料、切削工具、轴承、汽车发动机元件、导热器件产品都应当被列为重点布局的技术领域。这其中，陶瓷发动机曾是一项提高陶瓷性能的关键计划，1970年前后，"陶瓷发动机"最先由美国的技术人员提出，其核心理念就是将以往的发动机使用的金属材料变为高温陶瓷。该计划一经提出立即引发了全球范围的"陶瓷热"，全球很多科研机构投入大量的精力深入研究结构陶瓷，极大程度地改善了陶瓷的性能（如韧性），进一步体现出陶瓷的天然优势，即能够承受其他材质难以承受的高温、高压、高腐蚀的高危险服役环境。

与上述陶瓷材料和中游发动机元件等研究紧密相连的是，下游产业中的汽车领域首当其冲成为应重点布局的技术领域。而陶瓷材料有利的热性能和力学性能也引起了国防军工领域研究人员的广泛关注。随着人们环保意识的不断提高，以及各环保法规的相继出台，绿色汽车等概念已经成为未来汽车发展的必然趋势，这也与我们将下游的环保领域与汽车领域一起列为重点布局的技术领域相契合。机械加工领域作为陶瓷材料最传统也最广泛应用的领域，其在整个工业生产中的地位绝不可小觑，与上述几大应用领域一并应当被列为重点布局的技术领域。

以上述分析得到的重点技术分支为着力点，可以将上述"自上而下"型技术创新模型丰富、扩充为如图4-10所示的结构陶瓷技术创新模式。

即，在上游产业中重点选择氮化硅、碳化硅、氧化铝材料进行技术创新，进而依托上游材料的创新带动中游光纤光缆、耐热材料、轴承、切削工具、汽车发动机元件、导热器件等产品的技术创新和进步，再进一步引领结构陶瓷在下游汽车、国防军工、环保、机械加工等领域应用的创新、扩充和发展。

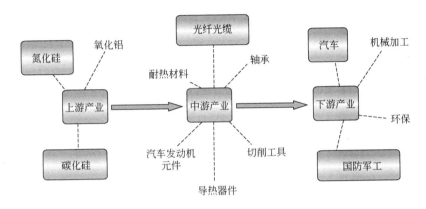

图 4-10　结构陶瓷技术创新模式

▶▶ 4.4.3　结构陶瓷技术创新的路径

以结构陶瓷领域的热点分支之一——氮化硅材料为例，具体给出技术创新路径。

（1）氮化硅与其他高温结构陶瓷材料一样，具有许多优异的性能，但致命的弱点是其脆性。它不像金属那样具有塑性变形的能力，具有可滑移的位错系统，当外加能量超过一定的限度时，它只有以形成新的表面能来消耗外加能量，即在陶瓷体内形成新的裂纹表面导致灾难性破坏。因此，改善和提高韧性成为氮化硅乃至所有陶瓷材料性能改善的焦点之一。碳化硅纤维补强增韧氮化硅是增强韧性的方式之一。例如，在不使用烧结助剂的情况下将碳化硅晶须与氮化硅粉末混合，采用热等静压工艺制备具有高强度和高韧性的氮化硅复合材料（DE3813279A1，YKK，1987）。JP6344171A 、JP4317468A、

CN103951454A 等专利也涉及碳化硅补强增韧氮化硅技术。除了碳化硅增强，自增强/自韧氮化硅也是增强韧性的方式之一，通过热压包含氮化硅和二氧化硅致密化助剂、氧化钇转化助剂、可加强晶须生长的化合物氧化钙的粉末混合物，使其致密化，原位形成纵横比高的 β-氮化硅晶须，可制备高断裂韧性的自增强/自韧氮化硅陶瓷体（EP0471568A1，陶氏化学，1990）。WO1989007093A1、WO1991008992A1、EP0472256A1、CN1781877A、CN103524142A 等专利也涉及自增强/自韧氮化硅技术。

除增强韧性以外，基于多种不同的性能改善目标，氮化硅材料还可以从粉体制备、材料复合改性、晶相改进、纯度提高等多方面进行创新和优化。粉体制备方面，在氮化硅粉末中加入特定硬质合金，在特定温度条件下加热，然后粉碎，可制备得到用于高强度烧结体的原料粉末（JP2157112A，京瓷，1988）。US20020164475A1、CN1453239A、CN1562735A、JP2008019105A 等专利也涉及粉体制备技术的改进。材料复合改性方面，在氮化硅与氧化铝/氧化钇混合金属氧化物的混合物中加入钨化合物，可制得高密度烧结氮化硅（JP55149175A，京瓷，1979）。CN1032535A、CN1030402A、CN1232805A、WO2002085812A1、EP1332816A2 等专利也涉及材料复合改性技术。晶相改进方面，可制备晶相主要由氮化硅组成、晶粒边界相至少包含稀土金属元素和铝的烧结体，晶相粒子的长轴最大 20μm、短轴最大 2μm，具有 $100kg/mm^2$ 以上的抗弯强度和 1% 以下的孔隙率（JP63156070A，京瓷，1986）。US4073845、JP57188500A、EP166412A2、CN104177088A、CN102173397A 等专利也涉及晶相改进技术。纯度提高方面，可制备金属杂质小于 0.1%（质量分数）、相对密度大于 95% 的高纯氮化硅，提高耐腐蚀性（JP2000026166A，京瓷，1998）。EP227283A2、JP6166504A、JP2003112977A、JP62108719A 等专利也涉及纯度提高技术。

（2）应用性能优化的氮化硅材料可以制造中游产业的导热器件、催化载体、汽车发动机、耐热部件、切削工具等。导热器件，例如应用氮化硅制得的具有高强度、高热导性的玻璃陶瓷材质接线板绝缘基板（JP2010208944A，京瓷，2010）。GB1397070A、GB1605184A、JP59007898A、JP60166270A 等专利也涉及导热器件。催化载体，例如具有氮化硅密实烧结体骨架和联通孔的透气结构（JP2000169254A，京瓷，1998）。JP58089949A、JP57087837A、JP59156954A、EP2236189A1 等专利也涉及催化载体。汽车发动机元件，例如包含氮化硅烧结体的陶瓷加热体（JP10050460A，京瓷，1996）。JP57022174A、JP61062718A、EP211579A1、JP63094012A 等专利也涉及汽车发动机元件。耐热部件，例如包含氮化硅的活塞、汽缸等（JP7330436A，京瓷，1994）。JP47023171B、GB1432140A、JP51028598A、US3997640A 等专利也涉及耐热部件。切削工具，例如将烧结氮化硅粉碎、压装、再烧结制得的砂轮（JP53064890A，东芝，1976）。JP7330436A、JP2005212048A、CN103201410A、JP55085481A 等专利也涉及切削工具。

（3）具有良好性能的中游器件/产品可以应用到下游的国防军工、机械加工、汽车、电子通信等领域。机械加工领域，例如具有包含氮化硅的、耐用的牢固粘附的脱模层的基底的熔化坩埚在腐蚀性非铁金属熔体加工中的应用（CN101429051A，ESK 陶瓷，2007）。CN202779701U、US3885294A、JP61202804A、JP1119571A 等专利也涉及机械加工领域的应用。国防军工领域，例如具有氮化硅陶瓷片的防弹玻璃的应用（JP2009264692A，京瓷，2008）。CN104529167A、CN103727842A、CN1948888A、US4722825A、WO2003078158A1 等专利也涉及国防军工领域的应用。汽车领域，例如具有烧结氮化硅的活塞汽缸的应用（JP7040774A，京瓷，1994）。JP6287006A、EP618172A1、JP63123868A、CN105256210A 等专利也涉及汽车领域的应用。电子通信领域，例如具有氮化硅烧结体陶瓷基板的陶瓷电路板的应用（JP2001244586A，京瓷2000）。CN101457021A、EP653787A1、JP2001094016A、WO2014030558A1、JP2015081205A 等专利也涉及电子通信领域的应用。航空航天领域，例如施加于碳质基板之上的、含氮化硅的保护涂层的应用（US5166001A，埃塞尔公司，1988）。CN103752971A、CN104529167A、US20160115593A1、JP58172298A 等专利也涉及航空航天领域的应用。

4.5　专利运营路径

►► 4.5.1　专利运营的概念及模式

专利作为一种法律制度，确认了创新主体对创新成果的所有权及相关使用权，这种权利可以转让、许可、质押、入股、储备和组合运用。以市场化机制对专利开展商业化运用就是专利运营。专利作为产品或服务可以实现创新成果的价值，不同的创新主体可以自身对其加以利用，进而盈利。专利的市场化催生了专利运营，也催生了专门投资专利运营的组织。

我国正在实施创新驱动发展战略，迫切需要加强知识产权创造和运用。2008 年国务院颁布实施的《国家知识产权战略纲要》明确提出要按照激励创造、有效运用、依法保护、科学管理的方针，大幅度提升我国知识产权创造、运用、保护和管理能力，为建设创新型国家和全面建设小康社会提供强有力支撑。2012 年国务院办公厅转发的《关于加强战略性新兴产业知识产权工作的若干意见》更加明确了知识产权创造和运用对于战略性新兴产业发展的作用与意义，强调积极创造知识产权，是抢占新一轮经济和科技发展制高点、化解战略性新兴产业发展风险的基础；有效运用知识产权，是培育战略性新兴产业创新链和产业链、推动创新成果产业化和市场化的重要途径；并明确提出支持战略性新兴产业企业开展知识产权运营。然而，由于我国开展专利运营的起步晚，基础薄弱，加之国外专利运营公司不断加大在我国的专利运营力度，且有联合打压我国正在成长的企业之势，有的已经直接影响到产业创新发展的生态链。因此，如何有效地利用手中的专利和获取有效专利成为企业快速发展的必经之路。

专利运营主要包括专利诉讼、专利质押融资以及专利协同创新等。专利能够为企业带来丰厚的经济利润和社会效益，因此企业专利的保护是企业发展中极为重要的内容。专利侵权诉讼作为一种较为特别的社会行为，通常是多种原因综合影响的结果。在经济学理论中，人们在进行侵权诉讼的过程中，体现出来的选择行为是一种偏理性的行为，也就是说，以自身主观的预估进行成本和效益的核算，而人的预期具有一定的主观性，利润环境因素、心理变化、逻辑思维以及社会规则等都有可能对主观预期产生一定的影响。同时，在实际生活中，由于事物的不稳定性和复杂性，以及信息获取和整合的能力有限，企业难以获得侵权的相关完整信息。专利战略和专利诉讼行为都具有攻击和防御的双重特性，如表 4-5 所示[1]。企业专利诉讼行为与专利战略的关联性如图 4-11 所示[1]。企业的专利诉讼行为基本可分为专利交易诉讼、专利掠夺诉讼、专利投资诉讼和专利诉讼防御等四种主要模式。企业通过获取诉讼资源，运用不同的专利战略，实施不同的诉讼模式，从而达到维持和提升企业竞争优势、增强核心能力的目标。

表4-5 四种专利诉讼模式特点比较

比较项目	专利交易诉讼模式	专利掠夺诉讼模式	专利投资诉讼模式	专利防御诉讼模式
模式内涵	回收研发成本或扫清研发与生产障碍	形成掠夺效应，获取垄断优势	专利赔偿和机会主义许可	集中管理，提供诉讼防御服务
主要专利战略的应用	基本专利战略、专利网战略、专利转让许可战略、申请方位专利战略	专利组合战略、策略联盟战略、专利与标准结合战略	专利收购战略	收购战略、专利集中战略
诉讼资源的获取方式	内部开发为主	优势企业内部开发、联盟内合作创新、专利资源共享	外部购买为主	以外部购买为主；兼一部分合作开发
诉讼资源能力集中程度	较低	较高	高	高
评价优势	核心专利；互相套牢	组合规模效应；策略性联盟	无反诉顾虑；能预测诉讼损益	预先购买；集中防御管理

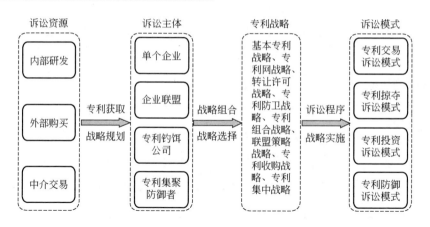

图 4-11 企业专利诉讼行为与专利战略的关联性

在知识经济时代，小微企业之间的竞争已经从机器、厂房、设备等有形财产的竞争转变为无形财产，尤其是知识产权的竞争。无论是在产品创新、产业转换还是在产业升级中，小微企业赖以生存的往往是科技含量较高或者差异化程度比较明显的产品或服务，从而构成了小微企业的竞争优势。若及时申请专利并获得专利授权，就可以强化小微企业的市场垄断地位。专利与产品、服务的科技含量及其差异化组合，构成了小微企业的核心竞争力。鉴于有些小微企业转型升级为高科技型企业，其核心资产是专利（尤其是发明专利）、商标（尤其是驰名商标）、版权（尤其是核心版权）等无形资产，金融机构应针对小微企业进行知识产权无形资产融资产品创新。一方面可以打破传统的固定资产抵押贷款模式，为小微企业开辟新的融资渠道；另一方面可以协同配合国家知识产权战略的实施，推进专利转化及其产业化；再者，还可以在政府、银行和技术市场等相关主体之间树立一种全新的知识产权价值观，从而引导银行突破现有思维模式和金融业发展定式，尽快实现由重视有形财产抵押向专利权质押的根本性转变。图 4-12 展示出了使用专利权质押融资的基本形式。通过专利权质押，一方面有助于小微企业将其专利等知识产权变现为急需的现实货币，满足小微企业的融资需求，缓解小微企业资金缺乏的瓶颈性难题；另一方面有利于金融机构寻找优质客户，从产业链、价值链及市场地位等视角来判断融资客户知识产权的市场价值和潜在价值，为贷款提供可靠的决策依据[2]。

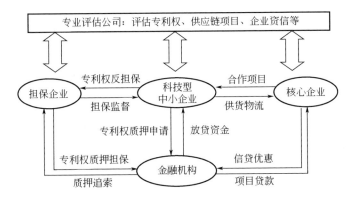

图 4-12 专利权质押融资的基本形式

随着知识产权战略在企业发展及经营中所体现出的越来越明显的竞争优势，国内企业知识产权意识也在逐步提高，然而，数量众多的中小型企业由于处于发展初期，研发实力相对薄弱，企业如何获取足够的用于运营的专利成为一个新的问题。与此同时，随着近几年来为建设创新型国家，国家加大了对高校科研经费的投入。高校科研活动基本可以分为基础研究、应用研究及开发研究三类，就目前而言，部分高校的应用研究及开发研究由于缺乏市场调研，未与中小型企业技术需求和市场需求接轨，导致其技术研究成果产业化困难。解决这种资源不能合理匹配和整合的现象需要企业与高校、科研院所的协同创新。图 4-13 展示出了企业与高校或科研机构的协同创新路径模式[3]。

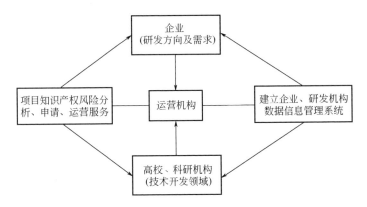

图 4-13 企业与高校或科研机构的协同创新路径模式

运营机构为企业和高校、科研机构提供专利运营的服务平台，根据企业提供的产品和技术研发方向，建立企业需求数据库；根据高校、科研机构提供的其擅长的技术开发领域，建立高校、科研机构数据库。通过运营机构推荐或者企业与高校、科研机构之间自行就产品和技术开发达成合作；同时，运营机构为该技术开发项目进行前期知识产权风险分析；对于高风险项目进行风险规避设计；对于无风险或低风险项目，高校、科研机构按照企业需求进行定制技术开发。技术开发完成后，通过运营机构对完成的技术开发项目进行知识产权确权，提供知识产权运营服务[3]。

►► 4.5.2 有效专利收储

在进行专利布局前，首先要了解淄博本地的现有专利状况。表 4-6 展示了淄博地区主要申请人在先进陶瓷五大主要分支的专利布局现状。从该图不难看出，淄博地区的专利申请基本覆盖了先进陶瓷的五大主要分支。尤其是山东理工大学，专利申请涉及先进陶瓷的五大主要分支，在结构陶瓷、生物陶瓷和光功能陶瓷方面，具有较强的实力。山东工业陶瓷研究设计院、中材高新的专利申请涉及先进陶瓷的四个分支，山东鲁阳、山东东岳神舟、山东硅元新型材料及山东合创明业精细陶瓷的专利申请涉及先进陶瓷的三个主要分支。不难看出，淄博地区在先进陶瓷的五大主要分支均有专利布局，但是，除了山东理工大学和中材高新以外，其他申请人在电功能陶瓷方面几乎没有专利申请。这说明，淄博地区在电功能陶瓷方面的发展相对较弱。而各申请人基本均在结构陶瓷和生物陶瓷领域做了专利布局，这充分表明，淄博地区长期以来一直注重结构陶瓷和生物陶瓷的发展。随着山东省、淄博市对园区的大力支持以及园区企业不断的自主创新，相信在不久的将来，园区在五大陶瓷方面都会实现较大的突破。

表 4-6　　淄博地区主要申请人专利布局现状　　（单位：件）

淄博单位/企业	电动能陶瓷	结构陶瓷	磁功能陶瓷	生物陶瓷	光功能陶瓷
山东理工大学	55	105	18	223	150
山东工业陶瓷研究设计院	0	22	9	14	7
中材高新材料	5	9	0	22	14
山东鲁阳股份有限公司	0	16	24	15	0
山东方东岳神舟新材料	0	9	0	11	17
山东硅元新型材料	0	0	8	8	8
山东合创明业精细陶瓷	0	7	0	4	7

　　除自主创新外，另一个有效的技术提升路径是对专利的运用与收储。表 4-7 展示出了先进陶瓷各分支建议收储的美国和中国的有效专利数量，收储这些授权有效专利一方面可规避侵权风险，另一方面有利于合作研究，引进新技术，提升产品竞争力。

表 4-7　　建议收储的美国和中国授权有效专利数量　　（单位：件）

国别	结构陶瓷	电功能陶瓷	磁功能陶瓷	生物陶瓷	光功能陶瓷
美国	1760	3732	386	2690	512
中国	440	1265	184	156	89

　　国内外的有效专利数量虽然较多，但是，它们基本掌握在国际巨头手中，例如，村田、京瓷、TDK 等大型跨国公司，这些公司基本已经完成专利布局，且具有巨大的市场份额，与他们的合作和谈判较为困难。另外，国内高校和研究所具有较强的研发实力，其专利申请量以及授权的有效专利数量均比较可观，这说明，国内高校和研究所在先进陶瓷领域已经具备了良好的技术积淀，对于亟需发展的淄博产业园区来说，与它们合作是较好的选择。

　　选择收储专利则需要更加系统、专业的评估。项目中，采用了一套专利

143

收储目标导航流程：（1）确定主体类型，作为被收储专利的目标主体，可以是企业、高校科研院所与个人，由于高校科研院所的技术基础较好，而且先进陶瓷目前主要研发工作还是在高校科研院所内，所以高校科研院所是专利收储的主要目标，但需要提醒的是，高校科研院所的专利技术与产业化之间可能存在一定的差距。（2）专利收储应该是园区根据实际情况重点发展的技术领域，根据园区的整体规划，结构陶瓷和电功能陶瓷是发展的重点，因此，选择结构陶瓷和电功能陶瓷的有效专利作为主要收储对象。（3）选择技术领域下竞争主体专利申请量排名，以体现各主体在该技术上的研发实力以及研发成果。（4）其他因素，特别是专利自身的收储价值，例如，法律状态、保护范围、侵权风险、技术先进性等。图 4-14 展示出了专利收储的若干考量因素。

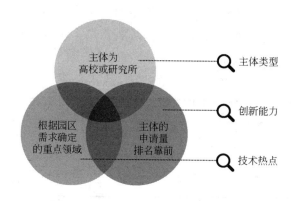

图 4-14　专利收储的考量因素

表 4-8 和表 4-9 分别示出了目前国内排名在前的高校涉及结构陶瓷和电功能陶瓷的授权有效专利。从下述专利可以看出，国内科研院所的技术水平已经达到相当高度，是园区应当重点考虑的专利收储对象。当然，在最终确定收储专利前，还需要对特定专利进行全方位的评估，从法律、经济、技术等方面明确其价值和收储必要性。淄博园区企业可考虑与这些高校进行合作创新，研发新产品，提升竞争力，从而迅速壮大自己。

表 4-8　国内重点高校/研究院所已授权专利（结构陶瓷）

武汉科技大学（98件）	CN1211317C，CN1197825C，CN1166585C，CN1176875C，CN1289241C，CN1300057C，CN1300058C，CN101016211B，CN100378029C，CN100348546C，CN100412102C，CN100450972C，CN100393669C，CN100594202C，CN100564318C，CN101144767B，CN100532470C，CN100478305C，CN100506743C，CN100475741C，CN100513346C，CN100436376C，CN100503508C，CN101367669B，CN101337822B，CN101328044B，CN101298384B，CN101423404B，CN101423375B，CN101423407B，CN101423406B，CN101381240B，CN101381241B，CN101503302B，CN101876249B，CN102070339B，CN101857453B，CN102010216B，CN102079652B，CN101948300B，CN102329144B，CN102320845B，CN102260094B，CN102167621B，CN102276242B，CN102180699B，CN102765949B，CN102674869B，CN102633512B，CN102603341B，CN102603334B，CN102557717B，CN102531650B，CN102701784B，CN102850044B，CN102731118B，CN102643099B，CN102617172B，CN102557687B，CN102765950B，CN102617171B，CN102745994B，CN102584181B，CN103693944B，CN103553672B，CN103553583B，CN103467124B，CN103159481B，CN203044900U，CN103553650B，CN103159489B，CN103145434B，CN103073304B，CN103044045B，CN103601525B，CN103253983B，CN103042222B，CN103113091B，CN103896605B，CN103964871B，CN103804002B，CN104311118B，CN104311117B，CN104311115B，CN104311077B，CN104261810B，CN104402466B，CN104310417B，CN104211426B，CN103922760B，CN103864434B，CN104030660B，CN104311116B，CN104140246B，CN103896593B，CN104788121B，CN104671795B，CN104529507B
山东理工大学（66件）	CN1257133C，CN201175650Y，CN101531518B，CN101654363B，CN101591857B，CN101642651B，CN101655089B，CN101935218B，CN101973765B，CN102010208B，CN101973766B，CN102503507B，CN102351530B，CN102358701B，CN102350727B，CN102320031B，CN102251968B，CN202366764U，CN103011826B，CN103011820B，CN102701744B，CN103864431B，CN102690121B，CN102992775B，CN104130004B，CN104329817B，CN104311136B，CN104311131B，CN104326737B，CN104291848B，CN104291759B，CN104326762B，CN104311133B，CN104311101B，CN104311130B，CN104311129B，CN104329816B，CN104311140B，CN104311132B，CN104311104B，CN104326738B，CN104326763B，CN104311138B，CN104311135B，CN104129983B，CN103803883B，CN104326736B，CN104311006B，CN104315737B，CN104311100B，CN104311074B，CN104341151B，CN104326741B，CN104311092B，CN104326750B，CN104261836B，CN104261823B，CN104261834B，CN104326735B，CN104311102B，CN104311137B，CN104311134B，CN104311103B，CN104311139B，CN205147292U，CN104478418B
山东大学（66件）	CN1101337C，CN1133755C，CN100376705C，CN1179919C，CN1209318C，CN1239384C，CN1234927C，CN1286769C，CN1321941C，CN1326802C，CN1325430C，CN100360467C，CN100417620C，CN100349733C，CN1297513C，CN100400234C，CN100349824C，CN100417624C，CN100432022C，CN100586898C，CN101121971B，CN100575304C，CN101323968B，CN101391888B，CN101259957B，CN101734918B，CN101598261B，CN201648095U，CN101486578B，CN102094144B，CN101941843B，CN101913876B，CN101844784B，CN102211925B，CN102277090B，CN102557628B，CN102537954B，CN102295304B，CN102173757B，CN102557701B，CN102303159B，CN202073564U，CN103496727B，CN102731098B，CN102659410B，CN102965764B，CN102807243B，CN102676901B，CN102729156B，CN102618167B，CN103011779B，CN103522652B，CN103160702B，CN103553618B，CN103396684B，CN103409749B，CN103044014B，CN103451648B，CN103496954B，CN104060222B，CN103993366B，CN103949647B，CN103920976B，CN104119074B，CN104005115B，CN103952650

北京科技大学 （55件）	CN1029352C，CN1142115C，CN1164524C，CN1176872C，CN1204084C，CN1208286C，CN1260177C，CN1254456C，CN1260179C，CN1325688C，CN1746609B，CN1275905C，CN1321937C，CN100553762C，CN100336772C，CN100500616C，CN100532327C，CN101486581B，CN101876061B，CN101456740B，CN101570439B，CN101462722B，CN101838151B，CN101805189B，CN101531526B，CN101508563B，CN101973771B，CN102094165B，CN101823872B，CN101736368B，CN102367526B，CN102225461B，CN102304739B，CN102626785B，CN102910923B，CN102875150B，CN102775673B，CN102731111B，CN102876910B，CN102924109B，CN103302235B，CN103214256B，CN103204698B，CN103613396B，CN103570340B，CN103342547B，CN103204480B，CN103710607B，CN103304245B，CN104058754B，CN103833363B，CN104445217B，CN103707396B，CN104084560B，CN104744057B
哈尔滨工业大学 （27件）	CN1256302C，CN1303040C，CN100439288C，CN100582059C，CN101262188B，CN101564935B，CN101550004B，CN101570919B，CN101531535B，CN101830731B，CN103613385B，CN103304252B，CN103626512B，CN103274715B，CN103341675B，CN103342584B，CN103170723B，CN103360041B，CN103864467B，CN104022681B，CN103922597B，CN103894694B，CN104475898B，CN103990880B，CN103896589B，CN104005125B，CN104744061B

表 4-9　国内重点高校/研究院所已授权专利（电功能陶瓷）

桂林理工大学 （236件）	CN101891460B，CN101597166B，CN101805170B，CN101913858B，CN101538158B，CN102503375B，CN102875148B，CN102887708B，CN103130496B，CN103204680B，CN103467095B，CN103496981B，CN103496973B，CN103496972B，CN103496971B，CN103496959B，CN103553612B，CN103864428B，CN103896573B，CN103922723B，CN103922717B，CN103951413B，CN103964835B，CN104003723B，CN104003722B，CN104045344B，CN104058746B，CN104311031B，CN104311029B，CN104311021B，CN104311020B，CN104311019B，CN104311018B，CN104355611B，CN104387051B，CN104387057B，CN104446476B，CN104446469B，CN104446441B，CN104446377B，CN104446376B，CN104478429B，CN104478412B，CN104478409B，CN104557014B，CN104628384B，CN104817323B，CN102992763B，CN103011810B，CN103113104B，CN103113103B，CN103145419B，CN103145418B，CN103145420B，CN103193483B，CN103342558B，CN103435342B，CN103496986B，CN103496982B，CN103524126B，CN103553614B，CN103553607B，CN103864411B，CN103896572B，CN103922719B，CN103922718B，CN103964848B，CN104003710B，CN104211397B，CN104211396B，CN104211391B，CN104261826B，CN104261825B，CN104261824B，CN104291820B，CN104291819B，CN104311036B，CN104311022B，CN104311016B，CN104311015B，CN104311014B，CN104310985B，CN104310968B，CN104387053B，CN104387052B，CN104402438B，CN104446473B，CN104446433B，CN104446381B，CN104446379B，CN104478423B，CN104478408B，CN104557020B，CN104557019B，CN103030394B，CN103319176B，CN103332932B，CN103396120B，CN103396099B，CN103435348B，CN103467091B，CN103496985B，CN103496984B，CN103496964B，CN103496742B，CN103539444B，CN103553602B，CN103588481B，CN103880422B，CN103922721B，CN103922720B，CN104003719B，CN104003718B，CN104058748B，CN104058747B，CN104211398B，CN104230341B，CN104230340B，CN104261830B，CN104261827B，CN104291807B，CN104311039B，CN104311037B，CN104311026B，CN104311025B，CN104310988B，CN104446474B，CN104446448B，CN104446447B，CN104446446B，CN104446436B，CN104478424B，CN103130505B，CN103319177B，CN103449814B，CN103496979B，CN103496978B，CN103496969B，CN103539449B，CN103539445B，CN103553611B，CN103570351B，CN104003721B，CN104003720B，CN104058745B，CN104230339B，CN104261832B，CN104311028B，CN104311027B，CN104311017B，CN104311009B，CN104311008B，CN104370543B，CN104446468B，

146

桂林理工大学 （236件）	CN104446439B，CN104446375B，CN104446374B，CN104692800B，CN104817322B， CN101786875B，CN101913859B，CN101671169B，CN103693961B，CN102557589B， CN102515754B，CN102173764B，CN102173780B，CN101880159B，CN101891461B， CN104311139B，CN205147292U，CN104478418B，CN103044020B，CN1257133C， CN201175650Y，CN101531518B，CN101654363B，CN101591857B，CN101642651B， CN101655089B，CN101935218B，CN101973765B，CN102010208B，CN101973766B， CN102503507B，CN102351530B，CN102358701B，CN102350727B，CN102320031B， CN102251968B，CN202366764U，CN103011826B，CN103011820B，CN102701744B， CN103864431B，CN102690121B，CN102992775B，CN104130004B，CN104329817B， CN104311136B，CN104311131B，CN104326737B，CN104291848B，CN104291759B， CN104326762B，CN104311133B，CN104311101B，CN104311130B，CN104311129B， CN104329816BCN104311140B，CN104311132B，CN104311104B，CN104326738B， CN104326763B，CN104311138B，CN104311135B，CN104129983B，CN103803883B， CN104326736B，CN104311006B，CN104315737B，CN104311100B，CN104311074B， CN104341151B，CN104326741B，CN104311092B，CN104326750B，CN104261836B， CN104261823B，CN104261834B，CN104326735B，CN104311102B，CN104311137B， CN104311134B，CN104311103B
浙江大学 （156件）	CN1317213C，CN1331807C，CN100388392C，CN100338140C，CN1331804C， CN100415678A，CN101164992B，CN100522877C，CN101226161B，CN100532272C， CN101328068B，CN101381230B，CN101404318B，CN101422918B，CN201229411Y， CN101613205B，CN101650937B，CN101718520B，CN101817645B，CN201637266U， CN101936936B，CN101968461B，CN201887911U，CN202162135U，CN102507664B， CN102735878B，CN102707094B，CN100353214C，CN1304328C，CN100373505C， CN100381394C，CN100467421C，CN101121165B，CN101224984B，CN101324539B， CN201197121Y，CN101368925B，CN201221978Y，CN101532838B，CN201482706U， CN101741127B，CN201746637U，CN201128923U，CN202149011U，CN202225313U， CN102502832B，CN102610741B，CN101274845B，CN101413823B，CN201340405Y， CN101596673B，CN2906900Y，CN201429627Y，CN201432194Y，CN101749943B CN202305565U，CN102584217B，CN101718743B，CN102306806B，CN103364182B， CN103413646B，CN103475261B，CN203923598U，CN104142443B，CN104230328B， CN204633639U，CN202794222U，CN103076304B，CN103116040B，CN103233256B， CN203310859U，CN103435343B，CN103693962B，CN203554330U，CN203554046U， CN103803973B，CN103803972B，CN103880409B，CN104496547B，CN204496160U， CN204663827U，CN202662295U，CN102887705B，CN202906784U，CN204523451U， CN204554035U，CN205456401U，CN203416190U，CN203631233U，CN103899518B， CN203727454U，CN103966755B，CN204997205U，CN205483923U，CN1291508C， CN1056712C，CN1166582C，CN1101359C，CN1190389C，CN100449669C， CN100537473C，CN101303928B，CN101350571B，CN101691299B，CN101949733B， CN201846247U，CN102219494B，CN102751900B，CN202614365U，CN1067360C， CN1063733C，CN1048706C，CN1037643C，CN1255356C，CN1193377C， CN1275901C，CN1273408C，CN1125792C，CN1190391C，CN100591419C， CN100393624C，CN100427433C，CN100475739C，CN100385047C，CN1300060C， CN2856076Y，CN102584215B，CN101948325B，CN102060529B，CN104478464B， CN103274677B，CN204751653U，CN204736162U，CN100393666C，CN100534905C， CN100337979C，CN101582333B，CN100520049C，CN103803961B，CN102610862B， CN1067470C，CN101581836B，CN101319383B，CN100422110C，CN100398485C， CN100372803C，CN100382350C，CN100334034C，CN100336776C，CN201262598Y， CN103741141B，CN102176355B，CN102061460B，CN204727355U，CN1079384C， CN100429173C

天津大学（143 件）	CN100344580C，CN1301230C，CN1331803C，CN1971783B，CN100481272C，CN101083440B，CN100573758C，CN101188155B，CN101188156B，CN101265096B，CN101823877B，CN102219500B，CN102363579B，CN102603296B，CN100452257C，CN1975943B，CN100480186C，CN100462329C，CN101226827B，CN101776699B，CN201825957U，CN102158122B，CN102173785B，CN102249675B，CN102249674B，CN102323304B，CN102617144B，CN102765939B，CN102826847B，CN1298771C，CN100456397C，CN100378032C，CN100363302C，CN100440388C，CN100456393C，CN100537472C，CN101215160B，CN101343179B，CN201485469U，CN101719599B，CN101777506B，CN101857435B，CN101863154B，CN101941840B，CN102093047B，CN102173784B，CN102503424B，CN102603297B，CN102610740B，CN102167594B，CN102248737B，CN102503407B，CN102531610B，CN102603271B，CN102638193B，CN202957146U，CN103553558B，CN103864418B，CN103951429B，CN103951427B，CN104311010B，CN104310994B，CN104402437B，CN104446587B，CN102910902B，CN103601491B，CN103714865B，CN103727364B，CN103779395B，CN103864427B，CN103896581B，CN103922730B，CN103951430B，CN103964847B，CN104310986B，CN104446443B，CN103021472B，CN103420674B，CN103435349B，CN103613382B，CN103601495B，CN103852496B，CN203686505U，CN103936411B，CN103936410B，CN103951434B，CN103951428B，CN103983205B，CN103979951B，CN203800052U，CN104030680B，CN104261828B，CN104291809B，CN104313692B，CN104313691B，CN104311000B，CN102863220B，CN102887704B，CN103360073B，CN103864426B，CN203689921U，CN103992107B，CN104291810B，CN1285540C，CN100361232C，CN1298669C，CN100363301C，CN100416904C，CN101030478B，CN201217661Y，CN101591172B，CN101596522B，CN101599715B，CN101607822B，CN201402316Y，CN201463938U，CN101774802B，CN201804716U，CN201883096U，CN102153343B，CN1256296C，CN1202042C，CN1223548C，CN1295189C，CN100462328C，CN102815938B，CN102166813B，CN1319910C，CN100494118C，CN1102552C，CN101215159B，CN201825956U，CN104030676B，CN103030393B，CN102623627B，CN1079088C，CN100415682C，CN102383023B，CN102206077B，CN104557024B，CN1043221C，CN101774812B，CN100434394C
清华大学（141 件）	CN100508352C，CN100404004C，CN100355697C，CN100404460C，CN100428517C，CN100404462C，CN101100388B，CN101159418B，CN101498054B，CN101531461B，CN101671174B，CN101786874B，CN102339164B，CN102346140B，CN100384077C，CN1298670C，CN1298674C，CN100358132C，，CN100505122C，CN100505123C，CN100508084C，CN100507606C，CN101183610B，CN101520387B，CN101629885B，CN201467436U，CN101781115B，CN101857461B，，CN101857375B，CN201824235U，CN102231273B，CN102506685B，CN102617182B，CN102690118B，CN100514832C，CN100386291C，CN1298668C，CN100438307C，，CN100553103C，CN100450969C，CN100551875C，CN101215157B，，CN100553030C，CN101265097B，CN101255265B，CN101463182B，CN101570434B，CN101877810B，CN101880167B，CN101899725B，CN103003477B，CN102199035B，CN102457207B，CN102511065B，CN102627453B，CN202486735U，CN101182201B，，CN102504449B，CN103050279B，CN103145404B，CN103435338B，CN103508736B，CN103613377B，CN103613125B，CN204414280U，CN103086722B，CN103233256B，CN103387704B，CN104044318B，CN205021591U，CN103013440B，CN103257447B，CN103274689B，CN102967624B，CN102992757B，CN1172321C，CN1279553C，CN1279686C，CN1222488C，CN100570771C，CN1298672C，CN100439966C，CN100561767C，，CN100582830C，CN100553031C，CN101289312B，CN101538117B，CN202221970U，CN1027534C，CN1047457C，CN1027634C，CN1063732C，CN1056130C，CN1055910C，CN1092162C，CN1030552C，CN1026535C，CN1067361C，CN1068300C，CN1041290C，CN1189411C，CN1282625C，CN1119837C，CN1131455C，CN1212288C，CN1238961C，CN1142554C，CN1120138C，CN1252755C，CN1258783C，CN101475377B，CN100347127C，CN100335779C，CN1267376C，CN1152826C，CN102515819B，CN102395092B，CN204712237U，CN100495594C，

续表

清华大学（141 件）	CN100364129C，CN1304335C，CN1332909C，CN1159263C，CN1189422C，CN1120818C，CN200952432Y，CN102093037B，CN100461609C，CN1258496C，CN100519475C，CN1159256C，CN101870591B，，CN101475394B，CN101499549B，CN101269974B，CN103709565B，CN103319182B，CN1049415C，CN100492864C，CN1240263C，CN1029761C
哈尔滨工业大学（131 件）	CN101550026B，CN101651430B，CN101651429B，CN101767992B，CN101792308B，CN102169100B，CN102323656B，CN102332588B，CN102503411B，CN102723299B，CN100343639C，CN1320677C，CN100347131C，CN101388621B，CN101651431B，CN101747593B，CN101767994B，CN101777884B，CN102355160B，CN102353856B，CN102588158B，CN102623628B，CN102843063B，CN1564450B，CN100499241C，CN101499598B，CN101626205B，CN101956094B，CN102355157B，CN102354050B，CN102430863B，CN102437783B，CN202231634U，CN102700203B，CN101723678B，CN102219504B，CN102299663B，CN102868317B，CN103030386B，CN103086714B，CN103406611B，CN103441293B，CN103481106B，CN103922735B，CN104022678B，CN104033346B，CN104529436B，CN204657234U，CN205385423U，CN102882423B，CN102882422B，CN102875827B，CN102995124B，CN202973318U，CN203118316U，CN103557968B，CN103825031B，CN203725980U，CN103956509B，CN104022679B，CN102896061B，CN103342913B，CN103588474B，CN103911663B，CN203721774U，CN104022681B，CN104038101B，CN104613987B，CN204334380U，CN102998479B，CN103011695B，CN103011069B，CN103073303B，CN202942240U，CN103762886B，CN103785834B，CN103831542B，CN103979955B，CN104057086B，CN104518704B，CN100541820C，CN101262186B，CN101626207B，CN101630925B，CN101630924B，CN101723600B，CN101830720B，CN101908645B，CN202474045U，CN1235019C，CN101298386B，CN1328218C，CN1279643C，CN100436081C，CN102924920B，CN102875828B，CN102509752B，CN102497132B，CN102515763B，CN102528182B，CN102219389B，CN101987402B，CN102060556B，CN101913865B，CN101698605B，CN202264450U，CN104129984B，CN103304252B，CN103433576B，CN103145112B，CN100372139C，CN101648809B，CN101550004B，CN102807389B，CN101913869B，CN101734916B，CN101626204B，CN101376598B，CN100432018C，CN103755352B，CN103387407B，CN103342584B，CN102924088B，CN102931875B，CN104803627B，CN104193323B，CN103964860B，CN103979957B，CN204303756U，CN100500615C，CN1278838C

➤➤ 4.5.3 园区专利运营路径

淄博园区 2015 年涉及陶瓷的专利申请量接近 400 件，其中超过 70%的专利申请涉及先进陶瓷，这充分说明，淄博园区对于先进陶瓷知识产权的保护已经有了很强的意识。随着 2016 年淄博高新区先进陶瓷产业知识产权联盟的成立，联盟成员知识产权保护和运用能力进一步增强，自主创新能力和核心竞争力进一步提升。然而，尽管园区的专利申请量已经初具规模，但是，结合全球以及国内核心专利的分布来看，核心技术被国际巨头垄断的局面并没有改变，园区企业要想做大、做强，必须提升专利的运营能力。

从前面的分析可知，国内高校已经具备一定的技术实力。一方面，园区企业可以将产品需求或技术瓶颈告知有技术实力的高校，协同创新，布局专利市场；另一方面，对于潜在的专利诉讼或专利侵权，可以依托知识产权联盟的优势，利用联盟现有的专利进行防御或主动发起专利反击。随着与高校合作所带来的技术突破和专利布局完善，园区的专利网初步成型，此时，既可以以所形成的专利网实施专利战略，又可以以专利权作为质押进行融资，从而进一步提高研发资金投入，不断地壮大自己的实力。图 4-15 展示出了园区专利运营的路径。

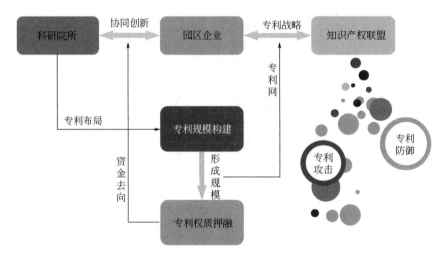

图 4-15　园区专利运营的路径

随着政府的大力支持和园区企业的不断创新，淄博先进陶瓷必然能够冲出国门，走向世界，谱写新的篇章。

第 5 章

先进陶瓷发展方向及发展路径规划

先进陶瓷属于新材料的重要组成部分，是许多高新技术领域发展的关键材料，被广泛应用于国防、化工、电子、机械、航空、航天、生物医学等各个领域。先进陶瓷是国民经济发展新的增长点，其研究、应用、开发水平是体现一个国家国民经济综合实力的重要标志之一。

为优化淄博市先进陶瓷材料产业的产业结构，促进先进陶瓷材料产业的技术升级，本研究团队积极开展了先进陶瓷材料产业专利导航工作。报告以专利为视角，结合市场、政策等信息，站位全球视角对先进陶瓷材料产业进行深度分析，明确了先进陶瓷的发展方向，进而基于淄博市目前的发展现状，从产业结构优化、关键技术创新、企业整合引进、人才引进培养、专利运营五个方面给出调整优化建议。主要分析内容如下。

5.1 专利布局成为先进陶瓷产业竞争中的关键因素

1. 专利布局与技术创新如影随形，每一次技术的突破，都伴随着重要专利的布局

从压电陶瓷、介电陶瓷的诞生，到超导陶瓷、具有自愈功能的复合陶瓷出现；从陶瓷材料用于机械加工、电子器件，到陶瓷材料用于汽车发动机、航空、航天、节能环保等领域。每一次技术的突破，都伴随着专利的大量布局，目前先进陶瓷的专利申请量已经达到20万件。

2. 美、日等国通过专利布局掌握先进陶瓷的大部分核心技术

美国和日本拥有86%的全球核心专利，垄断了全球85%的市场份额，而我国先进陶瓷产业的核心专利数量不及美国和日本核心专利数量的1/10，在全球的市场份额占比不足4%。

3. 龙头企业通过核心专利垄断先进陶瓷市场

日本的村田、京瓷、碍子株式会社和 TDK 株式会社、松下、住友等企业，美国的通用电气、康宁、杜邦等公司掌握大量核心专利，核心专利数量在 200 余件到 600 余件不等，在先进陶瓷市场上居于垄断地位。

4. 国外先进陶瓷领域的龙头企业积极在我国进行专利布局，为我国企业的发展设置了专利壁垒

随着中国经济的崛起，越来越多的国家意识到中国是先进陶瓷产业的巨大市场，世界先进陶瓷领域的巨头在中国进行了大量专利布局，主要集中在电功能陶瓷和结构陶瓷领域，分别申请专利 4928 件和 4373 件，其中绝大部分为发明专利，实用新型专利仅分别为 29 件和 8 件。

5.2　先进陶瓷的发展方向

先进陶瓷种类众多，其中尤以电功能陶瓷、结构陶瓷、生物陶瓷、磁功能陶瓷和光功能陶瓷这五大类陶瓷为代表。在发展先进陶瓷产业时，对于上述五大类先进陶瓷，应当有所侧重、逐步推进。

1. 站位全球视角，展示先进陶瓷的重点发展方向

（1）从先进陶瓷的总体发展态势看，电功能陶瓷和结构陶瓷是专利布局的重点。

从专利申请总量来看，电功能陶瓷以 87000 余件专利申请量排名第一，结构陶瓷排名第二，有 58000 余件专利申请，之后依次是生物陶瓷、磁功能陶瓷和光功能陶瓷，申请量在 10000 余件到 20000 余件不等。

（2）从各国发展的重点方向看，日本、中国以及欧洲主要国家将发展重点放在了电功能陶瓷和结构陶瓷，美国则将发展的重点首先放在生物陶瓷领域，其次为电功能陶瓷和结构陶瓷。

在电功能陶瓷领域，日本以 47000 余件的申请量排名第一，超过全球总申请量的 50%，中国以 16000 余件的申请量排名第二，但与日本差距明显。

在结构陶瓷领域，日本专利申请量同样排名第一，申请量为 26000 余件，中国以 14000 余件的申请量排名第二，与电功能陶瓷相比，与日本的差距缩小很多，并呈现差距日益缩小的趋势。

在生物陶瓷领域，美国以 7000 余件的专利申请量排名第一，中国超越日本仍然排名第二，申请量为 5800 余件。在磁功能陶瓷和光功能陶瓷领域，日本均排名第一，中国排名第二。

（3）从龙头企业的专利布局看，电功能陶瓷、结构陶瓷和磁功能陶瓷是国际龙头企业的发展重点。

全球先进陶瓷领域的龙头企业中，以村田、京瓷和 TDK 三家龙头企业的实力最为突出，从专利布局的重点方向来看，村田的重点发展方向在电功能陶瓷，京瓷的重点发展方向在电功能陶瓷和结构陶瓷，TDK 的重点发展方向在电功能陶瓷。

中国先进陶瓷领域的代表性企业主要有顺络电子、深圳商德、三环集团、深圳光启，他们的专利布局重点方向包括结构陶瓷、电功能陶瓷等。

（4）从新进者的涌入方向看，结构陶瓷是涌入新进入者最多的方向。其次为电功能陶瓷和光功能陶瓷。

新进入者是指近几年刚刚进入该行业的申请人，如果新进入者大量涌入代表该行业因为利润、市场前景等具有较强的吸引力，但需要注意的是新进入者以中国申请人占据绝大多数。

（5）从专利运营热点方向看，结构陶瓷和电功能陶瓷是最活跃的领域，之后依次为生物陶瓷、磁功能陶瓷和光功能陶瓷。

（6）从合作创新来看，生物陶瓷是合作创新占比最高的领域、其余依次为结构陶瓷、光功能陶瓷、电功能陶瓷和磁功能陶瓷。

2. 以结构陶瓷为例，分析产业链结构调整和技术突破方向

将结构陶瓷产业链划分为上、中、下游，其中，上游涵盖结构陶瓷的原材料及生产制备工艺和设备等，中游涵盖由各陶瓷材料制成的元器件或陶瓷制品，下游为陶瓷器件在各领域的具体应用，应用领域包括机械加工领域、电子通信领域、汽车领域、国防军工领域、航空航天领域、环保领域等。总体来看，上游产业是专利布局的重点，其次为中游产业，下游产品排名最后，但近几年呈快速发展态势。从专利的布局数量来看，上游、中游和下游产业的布局占比分别为 56%、31% 和 14%。

从重点国家专利布局看，日本、美国、中国均将布局重点集中在上游，已分别布局 18662 件、5257 件和 6093 件。相对而言，作为制造业大国的德国将布局重点放在了以器件制造为主的中游产业，已布局专利 1066 件。

从龙头企业专利布局看，大部分龙头企业将研究重点集中于上游产业，并且上游产业实力突出的企业，利润一般相对较高。

上游产业中氧化铝、氮化硅和碳化硅等材料的研制是专利布局的重点方向，中游产业中耐热器件、切削工具、汽车发动机和轴承等是专利布局的重点方向，下游产业以机械加工、汽车、航空航天和环保为重点方向。

5.3 淄博先进陶瓷发展现状

1. 淄博发展先进陶瓷产业的优势

（1）在先进陶瓷领域拥有雄厚的产业基础，专利储备量相对较高，并呈现快速发展态势。淄博在先进陶瓷领域的专利申请量达到 2256 件（其中发明专利 1553 件、实用新型专利 703 件），超过了佛山的 1800 余件，也远大于唐山、德化和景德镇等著名陶瓷基地的专利申请量。

（2）从产业结构看，淄博在结构陶瓷、生物陶瓷、电功能陶瓷、磁功能

陶瓷和光功能陶瓷等各类先进陶瓷领域全面发展，其中尤以结构陶瓷和生物陶瓷发展最为突出，结构陶瓷总申请量超过 700 件。

（3）从产业链发展情况看，已基本涵盖上、中、下游全产业链，其中，中游产业实力突出。

（4）从企业创新能力看，先进陶瓷领域企业众多，其中中材高新、山东东岳神州新材料有限公司、山东工陶院、淄博钰晶、山东鲁阳等企业创新实力相对突出，专利申请量相对较高，分别为 50 件、37 件、52 件、35 件和 55 件。

（5）从人才队伍看，唐竹兴的专利申请量最高，在生物陶瓷方面的专利申请量达 160 件、在光功能陶瓷方面的专利申请量达 65 件；在电功能陶瓷领域，张家香是主要发明人；结构陶瓷领域，陈久斌和徐宝安是主要的发明人；赵保华是磁功能领域的主要申请人。

（6）从专利运营看，淄博先进陶瓷企业已经有了专利保护、运营的意识，其中最为活跃的是结构陶瓷领域。

2. 淄博先进陶瓷产业主要存在的问题

（1）专利申请量较高，但是专利质量有待提高，主要体现在发明专利数量占比不高（仅申请 1553 件，占总申请量含 68.8%），发明授权比例不高（仅授权 618 件，占发明专利申请量 39.8%），核心专利数量少。

（2）产业结构不合理，具有广阔发展空间的电功能陶瓷领域专利布局量少。

（3）从产业链情况看，上游材料环节有待提高，特别是在高端粉体制备及分散技术方面相对落后，下游环节同样有待加强。

（4）先进陶瓷领域企业众多，但缺少创新实力突出的全国性或者国际性龙头企业。

（5）人才引进力度不够，与一流研究机构的合作有待加强。

（6）专利运营活跃度不高，缺少全球专利布局意识。

5.4　淄博先进陶瓷产业未来发展路径规划建议

（1）进一步优化产业结构，在五大先进陶瓷领域，淄博在结构陶瓷和生物陶瓷领域实力突出，应着力打造结构陶瓷、生物陶瓷高端制造基地，其次借鉴发达国家的产业提升路径，大力加强对电功能陶瓷的投入力度，从政策、资金等多角度支持电功能陶瓷的发展。

（2）以技术创新带动产业发展，以关键技术为突破口，带动整个产业链的技术升级，加强高纯超细粉末的研发力度，重视氮化硅、氧化铝、碳化硅等新型材料的发展，以上游技术的突破带动中游和下游产业的发展。

（3）为打造全产业高端示范园，尝试引进国际先进企业，大力引进国内优秀企业。在引进国际先进企业方面，村田、TDK 及京瓷是先进陶瓷领域的全球性龙头企业，上述三家巨头企业不仅在陶瓷技术上具有世界顶尖的研发水平，超强的创新实力，同时也非常看重中国市场，与我国企业的合作意愿相对浓厚，村田在电子通信相关产业链的各个环节都有绝对优势，TDK 在华产业分布相对集中在中、下游环节，其在陶瓷轴承和半导体器件（温敏陶瓷、气敏陶瓷、湿敏陶瓷等）上的技术优势明显，京瓷作为结构陶瓷材料的研发重点企业，其产业链主要侧重中上游的发展，其在氮化硅陶瓷以及切削工具的研发上具有较大优势。在国内，京东方、比亚迪等企业不仅拥有较多的专利储备，技术上具有明显优势，而且在产业布局上也覆盖了整个陶瓷产业链的上、中、下游。

（4）高端创新性人才的培养既要立足于本地，也要积极地从外部进行引进。在引进人才时应综合考量创新人才在先进陶瓷方面是否掌握了高新技术，是否具有较强的研发实力；创新人才的研发方向是否与园区产业调整、发展方向相契合；创新人才是否具有与园区合作的意愿。淄博本地区创新人才，山东理工大学的创新型人才储备丰富，且创新型人才研究领域广泛，此外中材高新中的王重海、程之强等在氮化硅等陶瓷材料的研发上具有优势，张永明在燃料电池上，李京友、鹿自忠在陶瓷耐热材料上的研究均具有一定优势。在引进外部创新型人才时应重点考虑先进陶瓷的一流研究机构，例如，上海硅酸盐研究所、清华大学、北京科技大学等在新材料、新工艺开发上具有较强的研发实力，拥有一大批重点领域的核心创新人才，园区可以根据自身发展需要从这些优势科研院所、企业引进人才。

（5）要想做大做强先进陶瓷产业，必须提升专利的运营能力。除自主创新外，可以通过专利收储来提升核心竞争力。专利收储以国内高校和研究结构的科研成果为主要对象，同时结合园区的规划和技术的重点发展方向。

随着各级政府的大力支持和淄博企业的不断创新，通过优化产业结构、关键技术升级、优质企业引进整合、高端人才聚集培养以及合理的专利布局和运营，淄博必将可以走出一条高精尖的先进陶瓷材料产业之路，成为国内领先、国际一流的先进陶瓷材料产业基地。

检 索 策 略

▶▶ 电功能陶瓷

检索式编号	检索式	目标数据库	命中数（件）	备注
1	/IC/CPC C04B35/46：C04B35/475	CNABS	3137	氧化钛/钛酸盐类材料分类号
2	/IC/CPC C04B35/08	CNABS	18	氧化铍材料分类号
3	/IC/CPC C04B35/10：C04B35/119	CNABS	3794	氧化铝材料分类号
4	/IC/CPC C04B35/04：C04B35/053	CNABS	625	氧化镁材料分类号
5	/IC/CPC C04B35/057	CNABS	114	氧化钙材料分类号
6	/IC/CPC C04B35/48：C04B35/493	CNABS	2685	氧化锆材料分类号
7	/IC/CPC C04B35/495：C04B35/497	CNABS	1291	氧化钒/铌材料分类号
8	/IC/CPC C04B35/505	CNABS	326	氧化钇材料分类号
9	/IC/CPC C04B35/453	CNABS	768	氧化锌材料分类号
10	/IC/CPC C04B35/45 OR C04B35/50：C04B35/505	CNABS	1513	氧化铜/镧材料分类号
11	OR 1，2，3，4，5，6，7，8，9，10	CNABS	11813	上述具体材料合并分类号
12	OR 介电，电介质，铁电，压电，半导体，导电，电导，超导	CNABS	730891	性质关键词
13	（OR 电容，微波，传感，超声换能，谐振，滤波，温度补偿，自控加热，电流吸收，噪声消除，避雷，电热，电阻）W（器 OR 元件））OR 电解质 OR 燃料电池 OR PTC OR 热敏电阻 OR 微波介质 OR 微波陶瓷	CNABS	1077491	器件关键词
14	（用 20D 电子）AND（用 S 电子）	CNABS	390186	应用领域关键词
15	11 AND 12	CNABS	4871	材料加性质限定
16	11 AND 13	CNABS	3586	材料加器件限定
17	11 AND 14	CNABS	1140	材料加应用领域限定
18	15 OR 16 OR 17	CNABS	5957	材料加性质/器件/应用领域限定

续表

检索式编号	检索式	目标数据库	命中数（件）	备注
19	/IC/CPC H01C	CNABS	8838	电阻器分类号
20	/TI/KW 陶瓷	CNABS	114916	材料关键词
21	19 AND 20	CNABS	1242	电阻器加材料限定
22	/IC/CPC H01G	CNABS	24704	电容器分类号
23	22 AND 20	CNABS	2742	电容器加材料限定
24	21 OR 23	CNABS	3761	电阻器/电容器加材料限定
25	/IC/CPC C04B33/+ OR C04B35/+ OR C04B37/+ OR C04B38/+ OR C04B41/+	CNABS	48048	材料分类号扩展
26	/TI/KW OR 介电，电介质，铁电，压电，半导体，导电，电导，超导	CNABS	462436	性质关键词
27	/TI/KW（（OR 电容，微波，传感，超声换能，谐振，滤波，温度补偿，自控加热，电流吸收，噪声消除，避雷，电热，电阻）W（器 OR 元件））OR 电解质 OR 燃料电池 OR PTC OR 热敏电阻 OR 微波介质 OR 微波陶瓷	CNABS	223486	器件关键词
28	25 AND 26	CNABS	6393	材料扩展加性质限定
29	25 AND 27	CNABS	2763	材料扩展加器件限定
30	28 OR 29	CNABS	7516	材料扩展加性质/器件限定
31	/TI 陶瓷	CNABS	59724	材料关键词
32	31 AND（26 OR 27）	CNABS	10454	材料加性质/器件限定
33	陶瓷/frec>3	CNABS	70715	材料进一步限定
34	32 AND 33	CNABS	9170	材料加性质/器件限定
35	OR 18，24，30，34	CNABS	15454	电功能陶瓷国内部分汇总
36	TODB	CPRSABS	5912	CNABS 检索式 18 转库
37	TODB	CPRSABS	3745	CNABS 检索式 24 转库
38	TODB	CPRSABS	7456	CNABS 检索式 30 转库
39	TODB	CPRSABS	9104	CNABS 检索式 34 转库
40	/AA 淄博	CPRSABS	54399	申请人地址限定为淄博

续表

检索式编号	检索式	目标数据库	命中数（件）	备注
41	（36 OR 37 OR 38 OR 39）AND 40	CPRSABS	60	电功能陶瓷淄博部分
42	/IC/EC/CPC C04B35/46+ OR C04B35/47+	VEN	20809	氧化钛/钛酸盐类材料分类号
43	/IC/EC/CPC C04B35/08	VEN	278	氧化铍材料分类号
44	/IC/EC/CPC C04B35/10+ OR C04B35/11+	VEN	24721	氧化铝材料分类号
45	/IC/EC/CPC C04B35/04+ OR C04B35/05+	VEN	8120	氧化镁/钙材料分类号
46	/IC/EC/CPC C04B35/48+ OR C04B35/49+	VEN	23686	氧化锆/钒/铌材料分类号
47	/IC/EC/CPC C04B35/505	VEN	1091	氧化钇材料分类号
48	/IC/EC/CPC C04B35/453	VEN	3214	氧化锌材料分类号
49	/IC/EC/CPC C04B35/45 OR C04B35/50+	VEN	12614	氧化铜/镧材料分类号
50	OR 42，43，44，45，46，47，48，49	VEN	80180	上述具体材料合并分类号
51	/TI/KW dielect+ OR ferroelect+ OR piezoelect+ OR semiconduct+ OR conduct+ OR superconduct+	VEN	1923528	性质关键词
52	/TI/KW（microwave 5W（device? OR element? OR substrate?））OR capacitor? or sensor? OR（ultrason+ W transducer?）OR resonator? or resistor? OR（fuel W（cell? OR batter???））OR（fast W ion W conduct+）	VEN	1440731	器件关键词
53	（electric+ 2W ceramic?）OR（（use? OR using）2W（in OR as）5W electronic+）	VEN	143309	应用领域关键词
54	50 AND 51	VEN	23404	材料加性质限定
55	50 AND 52	VEN	7565	材料加器件限定
56	50 AND 53	VEN	1220	材料加应用领域限定
57	54 OR 55 OR 56	VEN	27045	材料加性质/器件/应用领域限定
58	/IC/EC/CPC H01C	VEN	113853	电阻器分类号
59	/TI/KW ceramic?	VEN	294470	材料关键词
60	58 AND 59	VEN	5666	电阻器加材料限定
61	/IC/EC/CPC H01G	VEN	188877	电容器分类号
62	61 AND 59	VEN	18943	电容器加材料限定
63	60 OR 62	VEN	23345	电阻器/电容器加材料限定

检索式编号	检索式	目标数据库	命中数（件）	备注
64	/IC/CPC/EC C04B33/+ OR C04B35/+ OR C04B37/+ OR C04B38/+ OR C04B41/+	VEN	351083	材料分类号扩展
65	64 AND 51	VEN	36421	材料扩展加性质限定
66	64 AND 52	VEN	11713	材料扩展加器件限定
67	65 OR 66	VEN	42596	材料扩展加性质/器件限定
68	/TI ceramic?	VEN	294072	材料关键词
69	68 AND（51 OR 52）	VEN	63819	材料加性质/器件限定
70	OR 57，63，67，69	VEN	92221	电功能陶瓷国际部分汇总

▶▶ 结构陶瓷

检索要素表			
数据库：CNABS，CPRSABS，VEN			

检索要素表达形式	基本检索要素 1	基本检索要素 2	基本检索要素 3	基本检索要素 4
	陶瓷	陶瓷材料	结构陶瓷性质	应用
分类号	c04b	c04b35/0+，c04b35/1+，c04b35/2+，c04b35/3+，c04b35/4+，c04b35/5+，c04b33/+，c04b35/+，c04b37/+，c04b38/+，c04b41/+		b32b18/00，f1619/10，f16149/+，f23m5/02，f24b13/02，f28f21/04，g21f1/06，g21f1/08，4G030/BA18，4G030/BA19，4G030/BA20，4G030/BA21，4G030/BA22，4G030/BA23，4G030/BA24，4G030/BA25，4G030/BA26，4G030/BA27，4G030/BA28，4G030/BA29，4G030/BA30，4G030/BA31，4G031/BA18，4G031/BA19，4G031/BA20，4G031/BA21，4G031/BA22，4G031/BA23，4G031/BA24，4G031/BA25，4G032/BA01，4G032/BA02，4G032/BA03，4G001/BD01，4G001/BD02，4G001/BD03，4G001/BD04，4G001/BD05，4G001/BD07，4G001/BD11，4G001/BD12，4G001/BD13，4G001/BD14，4G001/BD15，4G001/BD16，4G001/BD18

续表

检索要素 表达形式		基本检索 要素 1	基本检索 要素 2	基本检索要素 3	基本检索要素 4
		陶瓷	陶瓷材料	结构陶瓷性质	应用
关键词	中文	陶瓷，结构陶瓷，工程陶瓷	氧化铝，三氧化二铝，刚玉，氧化锆，氮化硅，碳化硅，碳硅石	耐高温，耐磨，耐腐蚀，耐化学腐蚀，抗腐蚀，防腐蚀，耐冲刷，耐冲击，抗冲击，耐火，阻燃，耐燃，热膨胀，耐压，抗压，高硬度，高强度，抗形变，抗变形，低蠕变	刀具，刀片，剪刀，轴承，密封件，阀，发动机，引擎，燃烧室，汽轮机，气轮机，防弹，机械，汽车，车辆，航空，航天，军工，警用，国防
	英文	Ceramic?，structur+，engineer+	alumin?um w oxide，alumina，corundum，zirconia，zirconium w dioxide，zirconium w oxide，silicon w nitride，silicon w carbide，al2o3 OR zro2，si3n4，sic	Thermostability，anti w friction，abrasion，wear，resist+，heat+，high w temperature，corrosion，erosion，impact+，deform+，scour+，anti，prevent+，fire，brick？，proof+，fireproof+，firebrick?，flame，retard+，thermal+，expans+，refractory compress+，press+，strength，withstAND+，high w hardness，low w creep	Knife，knives，cutter?，blade?，scissors，shears，bearing?，seal+，valve?，motor?，combustion，turbine+，bulletproof，ballisticproof，bullet，ballistic，resist+，mechani+，car?，automobile?，vehicle?，aviation，aerospace，aeronautic?，military，war，police，national，industry，application?，defense，defence

检索过程-CNABS					
检索式编号	检索式	目标数据库	命中数（件）	检索策略	基础检索式编号
1	（c04b35/0+ OR c04b35/1+ OR c04b35/2+ OR c04b35/3+ OR c04b35/4+ OR c04b35/5+）/ic/cpc	CNABS	24174	常规检索	
2	（耐高温 OR 耐磨 OR 耐腐蚀 OR 耐化学腐蚀 OR 抗腐蚀 OR 防腐蚀 OR 耐冲刷 OR 耐冲击 OR 抗冲击 OR 耐火 OR 阻燃 OR 耐燃 OR 热膨胀 OR 耐压 OR 抗压 OR 高硬度 OR 高强度 OR 抗形变 OR 抗变形 OR 低蠕变）/ti/ab	CNABS	6685	二次检索	1
3	（c04b33/+ OR c04b35/+ OR c04b37/+ OR c04b38/+ OR c04b41/+）/ic/cpc AND 陶瓷	CNABS	23402	常规检索	
4	（耐高温 OR 耐磨 OR 耐腐蚀 OR 耐化学腐蚀 OR 抗腐蚀 OR 防腐蚀 OR 耐冲刷 OR 耐冲击 OR 抗冲击 OR 耐火 OR 阻燃 OR 耐燃 OR 热膨胀 OR 耐压 OR 抗压 OR 高硬度 OR 高强度 OR 抗形变 OR 抗变形 OR 低蠕变）/ti/ab	CNABS	6170	二次检索	3
5	（陶瓷 s（刀具 OR 刀片 OR 剪刀 OR 轴承 OR 密封件 OR 阀 OR 发动机 OR 引擎 OR 燃烧室 OR 汽轮机 OR 气轮机 OR 防弹））	CNABS	17845	常规检索	

检索式编号	检索式	目标数据库	命中数（件）	检索策略	基础检索式编号
6	（陶瓷 p（机械 OR 汽车 OR 车辆 OR 航空 OR 航天 OR 军工 OR 警用 OR 国防））/ab	CNABS	10751	常规检索	
7	（陶瓷）AND（（b32b18/00 OR f1619/10 OR f16149/+ OR f23m5/02 OR f24b13/02 OR f28f21/04 OR g21f1/06 OR g21f1/08）/ic/cpc）	CNABS	1898	常规检索	
8	5 OR 6 OR 7	CNABS	28652	常规检索	
9	陶瓷/frec>3	CNABS	14993	二次检索	8
10	（耐高温 OR 耐磨 OR 耐腐蚀 OR 耐化学腐蚀 OR 抗腐蚀 OR 防腐蚀 OR 耐冲刷 OR 耐冲击 OR 抗冲击 OR 耐火 OR 阻燃 OR 耐燃 OR 热膨胀 OR 耐压 OR 抗压 OR 高硬度 OR 高强度 OR 抗形变 OR 抗变形 OR 低蠕变）/ti/ab	CNABS	4118	二次检索	9
11	（（氧化铝 OR 三氧化二铝 OR 刚玉 OR 氧化锆 OR 氮化硅 OR 碳化硅 OR 碳硅石 OR al2o3 OR zro2 OR si3n4 OR sic）s（刀具 OR 刀片 OR 剪刀 OR 轴承 OR 密封件 OR 阀 OR 发动机 OR 引擎 OR 燃烧室 OR 汽轮机 OR 气轮机 OR 防弹））/ti	CNABS	502	常规检索	
12	（（氧化铝 OR 三氧化二铝 OR 刚玉 OR 氧化锆 OR 氮化硅 OR 碳化硅 OR 碳硅石 OR al2o3 OR zro2 OR si3n4 OR sic）s（刀具 OR 刀片 OR 剪刀 OR 轴承 OR 密封件 OR 阀 OR 发动机 OR 引擎 OR 燃烧室 OR 汽轮机 OR 气轮机 OR 防弹））/ab	CNABS	2460	常规检索	
13	（（氧化铝 OR 三氧化二铝 OR 刚玉 OR 氧化锆 OR 氮化硅 OR 碳化硅 OR 碳硅石 OR al2o3 OR zro2 OR si3n4 OR sic）AND（（b32b18/00 OR f1619/10 OR f16149/+ OR f23m5/02 OR f24b13/02 OR f28f21/04 OR g21f1/06 OR g21f1/08）/ic/cpc）	CNABS	932	常规检索	
14	（（氧化铝 OR 三氧化二铝 OR 刚玉 OR 氧化锆 OR 氮化硅 OR 碳化硅 OR 碳硅石 OR al2o3 OR zro2 OR si3n4 OR sic）p（机械 OR 汽车 OR 车辆 OR 航空 OR 航天 OR 军工 OR 警用 OR 国防））/ab	CNABS	7736	常规检索	
15	11 OR 12 OR 13 OR 14	CNABS	10700	常规检索	
16	（耐高温 OR 耐磨 OR 耐腐蚀 OR 耐化学腐蚀 OR 抗腐蚀 OR 防腐蚀 OR 耐冲刷 OR 耐冲击 OR 抗冲击 OR 耐火 OR 阻燃 OR 耐燃 OR 热膨胀 OR 耐压 OR 抗压 OR 高硬度 OR 高强度 OR 抗形变 OR 抗变形 OR 低蠕变）/ti/ab	CNABS	4100	二次检索	15
17	2 OR 4 OR 10 OR 16	CNABS	14566	常规检索	
18	装饰 s 陶瓷	CNABS	311	二次检索	17
19	17 NOT 18	CNABS	14255	常规检索	

检索式编号	检索式	目标数据库	命中数（件）	检索策略	基础检索式编号
20	/IC A01+ OR A21+ OR A22+ OR A24+ OR A41+ OR A42+ OR A43+ OR A44+ OR A45+ OR A46+ OR A47+ OR A61+ OR A62+ OR A63+	CNABS	276	二次检索	19
21	19 NOT 20	CNABS	13979	常规检索	
22	/IC E01H+ OR E03+ OR E04+ OR E05+ OR E06+	CNABS	168	二次检索	21
23	21 NOT 22	CNABS	13811	常规检索	
24	(c04b35/0+ OR c04b35/1+ OR c04b35/2+ OR c04b35/3+ OR c04b35/4+ OR c04b35/5+) /ic/cpc/ec	VEN	182782	常规检索	
25	(thermostability OR (anti w friction) OR ((abrasion OR wear) d resist+) OR ((heat+ OR (high w temperature) OR cORrosion OR erosion OR impact+ OR deform+ OR scour+) d (anti OR prevent+ OR resist+))OR(fire d(resist+ OR brick? OR proof+)) OR fireproof+ OR firebrick? OR ((flame OR fire) w retard+) OR (thermal+ w expans+) OR refractory OR ((compress+ OR press+) d (resist+ OR strength)) OR withstAND+ OR (high w (hardness OR strength)) OR (low w creep)) /ti/ab	VEN	41552	二次检索	24
26	(c04b33/+ OR c04b35/+ OR c04b37/+ OR c04b38/+ OR c04b41/+) /ic/cpc/ec AND ceramic?	VEN	116615	常规检索	
27	(thermostability OR (anti w friction) OR ((abrasion OR wear) d resist+) OR ((heat+ OR (high w temperature) OR cORrosion OR erosion OR impact+ OR deform+ OR scour+) d (anti OR prevent+ OR resist+))OR(fire d(resist+ OR brick? OR proof+)) OR fireproof+ OR firebrick? OR ((flame OR fire) w retard+) OR (thermal+ w expans+) OR refractory OR ((compress+ OR press+) d (resist+ OR strength)) OR withstAND+ OR (high w (hardness OR strength)) OR (low w creep)) /ti/ab	VEN	25430	二次检索	26
28	(ceramic? s (knife OR knives OR cutter? OR blade? OR scissors OR shears OR bearing? OR seal+ OR valve? OR motor? OR combustion OR turbine+ OR (bulletproof OR ballisticproof OR ((bullet OR ballistic) d (resist+))))) /kw	VEN	19005	常规检索	
29	(ceramic? s (knife OR knives OR cutter? OR blade? OR scissors OR shears OR bearing? OR seal+ OR valve? OR motor? OR combustion OR turbine+ OR (bulletproof OR ballisticproof OR ((bullet OR ballistic) d (resist+))))) /ti	VEN	25649	常规检索	
30	ceramic? AND ((b32b18/00 OR f1619/10 OR f16149/+ OR f23m5/02 OR f24b13/02 OR f28f21/04 OR g21f1/06 OR g21f1/08) /ic/cpc)	VEN	9114	常规检索	
31	(ceramic? p (mechani+ OR car? OR automobile? OR vehicle? OR aviation OR aerospace OR aeronautic? OR military OR war OR police OR ((national OR industry OR application?) 2d (defense OR defence)))) /ab	VEN	52342	常规检索	

检索式编号	检索式	目标数据库	命中数（件）	检索策略	基础检索式编号
32	28 OR 29 OR 30 OR 31	VEN	82863	常规检索	
33	（thermostability OR（anti w friction）OR（（abrasion OR wear）d resist+）OR（（heat+ OR（high w temperature）OR cORrosion OR erosion OR impact+ OR deform+ OR scour+）d（anti OR prevent+ OR resist+））OR（fire d（resist+ OR brick? OR proof+））OR fireproof+ OR firebrick? OR（（flame OR fire）w retard+）OR（thermal+ w expans+）OR refractory OR（（compress+ OR press+）d（resist+ OR strength））OR withstAND+ OR（high w（hardness OR strength））OR（low w creep）/ti/ab	VEN	17737	二次检索	32
34	ceramic?/frec>3	VEN	9410	二次检索	33
35	（（（alumin?um w oxide）OR alumina OR corundum OR zirconia OR（zirconium w dioxide）OR（zirconium w oxide）OR（silicon w nitride）OR（silicon w carbide）OR al2o3 OR zro2 OR si3n4 OR sic）s（knife OR knives OR cutter? OR blade? OR scissors OR shears OR bearing? OR seal+ OR valve? OR motor? OR combustion OR turbine+ OR（bulletproof OR ballisticproof OR（（bullet OR ballistic）d（resist+）))))) /ab	VEN	17416	常规检索	
36	（（（alumin?um w oxide）OR alumina OR corundum OR zirconia OR（zirconium w dioxide）OR（zirconium w oxide）OR（silicon w nitride）OR（silicon w carbide）OR al2o3 OR zro2 OR si3n4 OR sic）s（knife OR knives OR cutter? OR blade? OR scissors OR shears OR bearing? OR seal+ OR valve? OR motor? OR combustion OR turbine+ OR（bulletproof OR ballisticproof OR（（bullet OR ballistic）d（resist+）))))) /ti	VEN	7482	常规检索	
37	（（（alumin?um w oxide）OR alumina OR cORundum OR zirconia OR（zirconium w dioxide）OR（zirconium w oxide）OR（silicon w nitride）OR（silicon w carbide）OR al2o3 OR zro2 OR si3n4 OR sic）p（mechani+ OR car? OR automobile? OR vehicle? OR aviation OR aerospace OR aeronautic? OR military OR war OR police OR（（national OR industry OR application?）2d（defense OR defence）))) /ab	VEN	36378	常规检索	
38	（（alumin?um w oxide）OR alumina OR corundum OR zirconia OR（zirconium w dioxide）OR（zirconium w oxide）OR（silicon w nitride）OR（silicon w carbide）OR al2o3 OR zro2 OR si3n4 OR sic）AND（（b32b18/00 OR f16l9/10 OR f16l49/+ OR f23m5/02 OR f24b13/02 OR f28f21/04 OR g21f1/06 OR g21f1/08）/ic/cpc）	VEN	3770	常规检索	
39	35 OR 36 OR 37 OR 38	VEN	58622	常规检索	
40	（thermostability OR（anti w friction）OR（（abrasion OR wear）d resist+）OR（（heat+ OR（high w temperature）OR cORrosion OR erosion OR impact+ OR defORm+ OR scour+）d（anti OR prevent+ OR resist+））OR（fire d（resist+ OR brick? OR proof+））OR fireproof+ OR firebrick? OR（（flame OR fire）w retard+）OR（thermal+ w expans+）OR refractory OR（（compress+ OR press+）d（resist+ OR strength））OR withstAND+ OR（high w（hardness OR strength））OR（low w creep））/ti/ab	VEN	15960	二次检索	39

续表

检索式编号	检索式	目标数据库	命中数（件）	检索策略	基础检索式编号
41	（4G030/BA18 OR 4G030/BA19 OR 4G030/BA20 OR 4G030/BA21 OR 4G030/BA22 OR 4G030/BA23 OR 4G030/BA24 OR 4G030/BA25 OR 4G030/BA26 OR 4G030/BA27 OR 4G030/BA28 OR 4G030/BA29 OR 4G030/BA30 OR 4G030/BA31 OR 4G031/BA18 OR 4G031/BA19 OR 4G031/BA20 OR 4G031/BA21 OR 4G031/BA22 OR 4G031/BA23 OR 4G031/BA24 OR 4G031/BA25 OR 4G032/BA01 OR 4G032/BA02 OR 4G032/BA03 OR 4G001/BD01 OR 4G001/BD02 OR 4G001/BD03 OR 4G001/BD04 OR 4G001/BD05 OR 4G001/BD07 OR 4G001/BD11 OR 4G001/BD12 OR 4G001/BD13 OR 4G001/BD14 OR 4G001/BD15 OR 4G001/BD16 OR 4G001/BD18）/FT	VEN	22253	常规检索	
42	25 OR 27 OR 34 OR 40 OR 41	VEN	80749	常规检索	
43	decORat+ s ceramic?	VEN	524	二次检索	42
44	42 NOT 43	VEN	80225	常规检索	
45	/IC A01+ OR A21+ OR A22+ OR A24+ OR A41+ OR A42+ OR A43+ OR A44+ OR A45+ OR A46+ OR A47+ OR A61+ OR A62+ OR A63+	VEN	1782	二次检索	44
46	44 NOT 45	VEN	78443	常规检索	
47	/IC E01H+ OR E03+ OR E04+ OR E05+ OR E06+	VEN	934	二次检索	46
48	46 NOT 47	VEN	77509	常规检索	

检索结果（未 NOT 掉功能陶瓷）：

CNABS：13811

VEN：77509

编号	检索式	所属数据库	命中记录数
1	(c04b35/0+ OR c04b35/1+ OR c04b35/2+ OR c04b35/3+ OR c04b35/4+ OR c04b35/5+)/ic/cpc/ec	VEN	184031
2	1	VEN	184031

编号	检 索 式	所属数据库	命中记录数
3	(thermostability OR (anti w friction) OR ((abrasion OR wear) d resist+) OR ((heat+ OR (high w temperature) OR corrosion OR erosion OR impact+ OR defORm+ OR scour+) d (anti OR prevent+ OR resist+)) OR (fire d (resist+ OR brick? OR proof+)) OR fireproof+ OR firebrick? OR ((flame OR fire) w retard+) OR (thermal+ w expans+) OR refractory OR ((compress+ OR press+) d (resist+ OR strength)) OR withstAND+ OR (high w (hardness OR strength)) OR (low w creep))/ti/ab	VEN	41807
4	(c04b33/+ OR c04b35/+ OR c04b37/+ OR c04b38/+ OR c04b41/+)/ic/cpc/ec AND ceramic?	VEN	117600
5	4	VEN	117600
6	(thermostability OR (anti w friction) OR ((abrasion OR wear) d resist+) OR ((heat+ OR (high w temperature) OR corrosion OR erosion OR impact+ OR defORm+ OR scour+) d (anti OR prevent+ OR resist+)) OR (fire d (resist+ OR brick? OR proof+)) OR fireproof+ OR firebrick? OR ((flame OR fire) w retard+) OR (thermal+ w expans+) OR refractory OR ((compress+ OR press+) d (resist+ OR strength)) OR withstAND+ OR (high w (hardness OR strength)) OR (low w creep))/ti/ab	VEN	25644
7	(ceramic? s (knife OR knives OR cutter? OR blade? OR scissors OR shears OR bearing? OR seal+ OR valve? OR motor? OR combustion OR turbine+ OR (bulletproof OR ballisticproof OR ((bullet OR ballistic) d (resist+)))))/kw	VEN	19256
8	(ceramic? s (knife OR knives OR cutter? OR blade? OR scissors OR shears OR bearing? OR seal+ OR valve? OR motor? OR combustion OR turbine+ OR (bulletproof OR ballisticproof OR ((bullet OR ballistic) d (resist+)))))/ti	VEN	25959
9	ceramic? AND ((b32b18/00 OR f1619/10 OR f16149/+ OR f23m5/02 OR f24b13/02 OR f28f21/04 OR g21f1/06 OR g21f1/08) /ic/cpc)	VEN	9184
10	(ceramic? p (mechani+ OR car? OR automobile? OR vehicle? OR aviation OR aerospace OR aeronautic? OR military OR war OR police OR ((national OR industry OR application?) 2d (defense OR defence))))/ab	VEN	52789
11	7 OR 8 OR 9 OR 10	VEN	83641
12	11	VEN	83641
13	(thermostability OR (anti w friction) OR ((abrasion OR wear) d resist+) OR ((heat+ OR (high w temperature) OR corrosion OR erosion OR impact+ OR defORm+ OR scour+) d (anti OR prevent+ OR resist+)) OR (fire d (resist+ OR brick? OR proof+)) OR fireproof+ OR firebrick? OR ((flame OR fire) w retard+) OR (thermal+ w expans+) OR refractory OR ((compress+ OR press+) d (resist+ OR strength)) OR withstand+ OR (high w (hardness OR strength)) OR (low w creep))/ti/ab	VEN	17872
14	13	VEN	17872
15	ceramic?/frec>3	VEN	9477
16	(((alumin?um w oxide) OR alumina OR corundum OR zirconia OR (zirconium w dioxide) OR (zirconium w oxide) OR (silicon w nitride) OR (silicon w carbide) OR al2o3 OR zro2 or si3n4 OR sic) s (knife OR knives OR cutter? OR blade? OR scissors OR shears OR bearing? OR seal+ OR valve? OR motOR? OR combustion OR turbine+ OR (bulletproof OR ballisticproof OR ((bullet OR ballistic) d (resist+)))))/ab	VEN	17558
17	(((alumin?um w oxide) OR alumina OR cORundum OR zirconia OR (zirconium w dioxide) OR (zirconium w oxide) OR (silicon w nitride) OR (silicon w carbide) OR al2o3 OR zro2 OR si3n4 OR sic) s (knife OR knives OR cutter? OR blade? OR scissors OR shears OR bearing? OR seal+ OR valve? OR motOR? OR combustion OR turbine+ OR (bulletproof OR ballisticproof OR ((bullet OR ballistic) d (resist+)))))/ti	VEN	7528

编号	检 索 式	所属数据库	命中记录数
18	(((alumin?um w oxide) OR alumina OR corundum OR zirconia OR (zirconium w dioxide) OR (zirconium w oxide) OR (silicon w nitride) OR (silicon w carbide) OR al2o3 OR zro2 OR si3n4 OR sic) p (mechani+ OR car? OR automobile? OR vehicle? OR aviation OR aerospace OR aeronautic? OR military OR war OR police OR ((national OR industry OR application?) 2d (defense OR defence))))/ab	VEN	36652
19	((alumin?um w oxide) OR alumina OR corundum OR zirconia OR (zirconium w dioxide) OR (zirconium w oxide) OR (silicon w nitride) OR (silicon w carbide) OR al2o3 OR zro2 OR si3n4 OR sic) AND ((b32b18/00 OR f1619/10 OR f16149/+ OR f23m5/02 OR f24b13/02 OR f28f21/04 OR g21f1/06 OR g21f1/08)/ic/cpc)	VEN	3795
20	16 OR 17 OR 18 OR 19	VEN	59059
21	20	VEN	59059
22	(thermostability OR (anti w friction) OR ((abrasion OR wear) d resist+) OR ((heat+ OR (high w temperature) OR cORrosion OR erosion OR impact+ OR deform+ OR scour+) d (anti OR prevent+ OR resist+)) OR (fire d (resist+ OR brick? OR proof+)) OR fireproof+ OR firebrick? OR ((flame OR fire) w retard+) OR (thermal+ w expans+) OR refractory OR ((compress+ OR press+) d (resist+ OR strength)) OR withstAND+ OR (high w (hardness OR strength)) OR (low w creep))/ti/ab	VEN	16105
23	(4G030/BA18 OR 4G030/BA19 OR 4G030/BA20 OR 4G030/BA21 OR 4G030/BA22 OR 4G030/BA23 OR 4G030/BA24 OR 4G030/BA25 OR 4G030/BA26 OR 4G030/BA27 OR 4G030/BA28 OR 4G030/BA29 OR 4G030/BA30 OR 4G030/BA31 OR 4G031/BA18 OR 4G031/BA19 OR 4G031/BA20 OR 4G031/BA21 OR 4G031/BA22 OR 4G031/BA23 OR 4G031/BA24 OR 4G031/BA25 OR 4G032/BA01 OR 4G032/BA02 OR 4G032/BA03 OR 4G001/BD01 OR 4G001/BD02 OR 4G001/BD03 OR 4G001/BD04 OR 4G001/BD05 OR 4G001/BD07 OR 4G001/BD11 OR 4G001/BD12 OR 4G001/BD13 OR 4G001/BD14 OR 4G001/BD15 OR 4G001/BD16 OR 4G001/BD18)/FT	VEN	22281
24	3 OR 6 OR 15 OR 22 OR 23	VEN	81264
25	decORat+ s ceramic?	VEN	9300
26	24 NOT 25	VEN	80732
27	26	VEN	80732
28	/IC A01+ OR A21+ OR A22+ OR A24+ OR A41+ OR A42+ OR A43+ OR A44+ OR A45+ OR A46+ OR A47+ OR A61+ OR A62+ OR A63+	VEN	1793
29	26 NOT 28	VEN	78939
30	29	VEN	78939
31	/IC E01H+ OR E03+ OR E04+ OR E05+ OR E06+	VEN	938
32	29 NOT 31	VEN	78001
33	/ic/cpc/ec/fi C04B35/115	VEN	626
34	/ft 4G030/BA14:4G030/BA16	VEN	1638
35	(optic+ OR light OR photo OR transparen+ OR transluc+ OR ((photo OR light) 2d (permeab+ OR transmit+)) OR photopermeab+ OR ((optic+ OR light OR photo) 2d (transmis+ OR transpORt+ OR transfer+ OR convey+)) OR fluORescen+ OR scintillat+) 2d ceramic?	VEN	9318
36	(((photo OR light) 2d reflect+) OR laser) 1d ceramic?	VEN	777

编号	检 索 式	所属数据库	命中记录数
37	((photo OR light OR wavelength) 2d (convert+ OR convers+)) 5d ceramic?	VEN	253
38	((infrared OR IR) 2d (permeab+ OR transmit+)) s ceramic?	VEN	176
39	/ic/cpc/ec/fi c04b35	VEN	225819
40	/ti/kw (transparen+ OR transluc+ OR ((photo OR light) 2d (permeab+ OR transmit+)) OR photopermeab+ OR ((optic+ OR light OR photo) 2d (transmis+ OR transport+ OR transfer+ OR convey+)) OR fluorescen+ OR scintillat+) OR ((photo OR light) 2d reflect+) OR ((photo OR light OR wavelength) 2d (convert+ OR convers+)) OR ((infrared OR IR) 2d (permeab+ OR transmit+)))	VEN	603145
41	39 AND 40	VEN	2938
42	33 OR 34 OR 35 OR 36 OR 37 OR 38 OR 41	VEN	13189
43	/ic/cpc/ec/fi C04B35/26+ OR C04B35/28+ OR C04B35/30+ OR C04B35/32+ OR C04B35/34+ OR C04B35/36+ OR C04B35/38+ OR C04B35/40+	VEN	11965
44	/ft 4G018	VEN	705
45	/ti/kw magneti?? 5d ceramic?	VEN	2452
46	/ti/kw magneti?? s ferrite?	VEN	9744
47	/ti/kw (magneti?? 5d (Ferric OR ferrous OR fe3o4 OR fe2o3)) NOT (pigment OR dye+ OR colo?r OR paint+)	VEN	2417
48	43 OR 44 OR 45 OR 46 OR 47	VEN	24163
49	/cpc A61F2310/00592:A61F2310/00664	VEN	940
50	/cpc A61F2310/00179:A61F2310/00323	VEN	5405
51	/cpc A61F2310/00796	VEN	2474
52	49 OR 50 OR 51	VEN	7427
53	A61F2/28+ /cpc OR A61F2/30+ /cpc OR A61F2/2418/cpc	VEN	20425
54	OR Ceramic+ , silica , silicon oxide , calcia , calcium oxide , titania , titanium oxide , chromia , chromium oxides , CrO , CrO2 , CrO3 , zirconia , zirconium oxide , ZrO2 ,niobium oxide, hafnia , hafnium oxide, tantalum oxide, metal borides, boron carbide, silicon carbide, titanium carbide, phosphorus, apatite, aluminium nitride, silicon nitride, titanium nitride, aluminium oxide	VEN	1658664
55	53 AND 54	VEN	2040
56	/IC OR A61F2/02, A61F2/18, A61F2/28, A61F2/30+, A61F2/54, A61F2/60+, A61B17/56+, A61L27/00, A61L27/10, A61L27/12, A61L27/30, A61L27/32, A61K6/033, A61C13/00+	VEN	127551
57	54 AND 56	VEN	10979
58	OR Biolite, Biocompatible, biol?????, medical, medicare , tissue, bone, knee joints, dental, implant, prosthesis	VEN	1385141
59	/ic OR C04B35+,C04B35/64,C04B35/584,C04B38/00,C01B25/26	VEN	224852
60	58 AND 59	VEN	3455
61	52 OR 55 OR 57 OR 60	VEN	19107
62	OR bio-ceramic ,biodegradable, bio-inactive ,Medical, biocompatible, bioresorbable, Implantable, Bioabsorbable, bioactive, surgical	VEN	890835

编号	检 索 式	所属数据库	命中记录数
63	Ceramic?	VEN	632350
64	62 AND 63	VEN	12646
65	61 OR 64	VEN	28334
66	OR derivant, agriculture, microb+, groundwater, cellulose, degradation, fertiliser, fertilizer, manure, pigment?, purified air	VEN	1307700
67	65 NOT 66	VEN	25751
68	OR ORthopaedics,skeleton?,prosth+,dental, denture?, denlture?	VEN	263377
69	68 AND 59	VEN	1962
70	67 OR 69	VEN	26621
71	32 NOT 42 NOT 48 NOT 70	VEN	75133
72	/IC/EC/CPC C04B35/46+ OR C04B35/47+	VEN	20809
73	/IC/EC/CPC C04B35/08	VEN	278
74	/IC/EC/CPC C04B35/10+ OR C04B35/11+	VEN	24721
75	/IC/EC/CPC C04B35/04+ OR C04B35/05+	VEN	8120
76	/IC/EC/CPC C04B35/48+ OR C04B35/49+	VEN	23686
77	/IC/EC/CPC C04B35/505	VEN	1091
78	/IC/EC/CPC C04B35/453	VEN	3214
79	/IC/EC/CPC C04B35/45 OR C04B35/50+	VEN	12614
80	OR 72,73,74,75,76,77,78,79	VEN	80180
81	/TI/KW dielect+ OR ferroelect+ OR piezoelect+ OR semiconduct+ OR conduct+ OR superconduct+	VEN	1923528
82	/TI/KW (microwave 5W (device? OR element? OR substrate?)) OR capacitor? or sensOR? OR (ultrason+ W transducer?) OR resonator? OR resistor? OR (fuel W (cell? OR batter???)) OR (fast W ion W conduct+)	VEN	1440731
83	(electric+ 2W ceramic?) OR ((use? OR using) 2W (in OR as) 5W electronic+)	VEN	143309
84	80 AND 81	VEN	23404
85	80 AND 82	VEN	7565
86	80 AND 83	VEN	1220
87	84 OR 85 OR 86	VEN	27045
88	/IC/EC/CPC H01C	VEN	113853
89	/TI/KW ceramic?	VEN	294470
90	88 AND 89	VEN	5666
91	/IC/EC/CPC H01G	VEN	188877
92	91 AND 89	VEN	18943
93	90 OR 92	VEN	23345

编号	检索式	所属数据库	命中记录数
94	/IC/CPC/EC C04B33/+ OR C04B35/+ OR C04B37/+ OR C04B38/+ OR C04B41/+	VEN	351083
95	94 AND 81	VEN	36421
96	94 AND 82	VEN	11713
97	95 OR 96	VEN	42596
98	/TI ceramic?	VEN	294072
99	98 AND (81 OR 82)	VEN	63819
100	OR 87,93,97,99	VEN	92221
101	71 NOT 100	VEN	68801
102	cn/pn	VEN	15841901
103	101 AND 102 VEN 中中文专利数量	VEN	13246
104	101 NOT 102 VEN 中外文专利数量	VEN	55555

转库操作说明：

将 VEN 中中文专利转库至 CNABS：

VEN? ..er m1; ..mem m1 ss 103 1-5000 /pn rk 1

VEN? ..er m1

删除【M1】存储器中的所有记录项成功。

VEN? ..mem m1 ss 103 1-5000 /pn rk 1

本次抽取的内容项数量：33432

本次存入【M1】中内容项数量：17358

本次抽取第一项的位置：1

VEN? ..er m2; ..mem m2 ss 103 5001-10000 /pn rk 1

VEN? ..er m2

存储器【M2】中没有可供删除的项，请先进行检索。

VEN? ..mem m2 ss 103 5001-10000 /pn rk 1

本次抽取的内容项数量：32357

本次存入【M2】中内容项数量：16807

本次抽取第一项的位置：1

VEN? ..er m3; ..mem m3 ss 103 10001-15000 /pn rk 1

VEN? ..er m3

存储器【M3】中没有可供删除的项，请先进行检索。

VEN? ..mem m3 ss 103 10001-15000 /pn rk 1

本次抽取的内容项数量：20272

本次存入【M3】中内容项数量：10563

本次抽取第一项的位置：1

编号	检 索 式	所属数据库	命中记录数
1	*m1 /pn	CNABS	5008
2	*m2 /pn	CNABS	5021
3	*m3 /pn	CNABS	3252
4	1 OR 2 OR 3	CNABS	12885
5	(c04b35/0+ OR c04b35/1+ OR c04b35/2+ OR c04b35/3+ OR c04b35/4+ OR c04b35/5+)/ic/cpc	CNABS	24494
6	5	CNABS	24494
7	(耐高温 OR 耐磨 OR 耐腐蚀 OR 耐化学腐蚀 OR 抗腐蚀 OR 防腐蚀 OR 耐冲刷 OR 耐冲击 OR 抗冲击 OR 耐火 OR 阻燃 OR 耐燃 OR 热膨胀 OR 耐压 OR 抗压 OR 高硬度 OR 高强度 OR 抗形变 OR 抗变形 OR 低蠕变)/ti/ab	CNABS	6772
8	(c04b33/+ OR c04b35/+ OR c04b37/+ OR c04b38/+ OR c04b41/+)/ic/cpc AND 陶瓷	CNABS	23720
9	8	CNABS	23720
10	(耐高温 OR 耐磨 OR 耐腐蚀 OR 耐化学腐蚀 OR 抗腐蚀 OR 防腐蚀 OR 耐冲刷 OR 耐冲击 OR 抗冲击 OR 耐火 OR 阻燃 OR 耐燃 OR 热膨胀 OR 耐压 OR 抗压 OR 高硬度 OR 高强度 OR 抗形变 OR 抗变形 OR 低蠕变)/ti/ab	CNABS	6264
11	(陶瓷 s (刀具 OR 刀片 OR 剪刀 OR 轴承 OR 密封件 OR 阀 OR 发动机 OR 引擎 OR 燃烧室 OR 汽轮机 OR 气轮机 OR 防弹))	CNABS	17981
12	(陶瓷 p (机械 OR 汽车 OR 车辆 OR 航空 OR 航天 OR 军工 OR 警用 OR 国防))/ab	CNABS	10837
13	(陶瓷) AND ((b32b18/00 OR f1619/10 OR f16149/+ OR f23m5/02 OR f24b13/02 OR f28f21/04 OR g21f1/06 OR g21f1/08)/ic/cpc)	CNABS	1911
14	11 OR 12 OR 13	CNABS	28873
15	14	CNABS	28873

编号	检 索 式	所属 数据库	命中 记录数
16	陶瓷/frec>3	CNABS	15096
17	16	CNABS	15096
18	(耐高温 OR 耐磨 OR 耐腐蚀 OR 耐化学腐蚀 OR 抗腐蚀 OR 防腐蚀 OR 耐冲刷 OR 耐冲击 OR 抗冲击 OR 耐火 OR 阻燃 OR 耐燃 OR 热膨胀 OR 耐压 OR 抗压 OR 高硬度 OR 高强度 OR 抗形变 OR 抗变形 OR 低蠕变)/ti/ab	CNABS	4148
19	((氧化铝 OR 三氧化二铝 OR 刚玉 OR 氧化锆 OR 氮化硅 OR 碳化硅 OR 碳硅石 OR al2o3 OR zro2 OR si3n4 OR sic) s (刀具 OR 刀片 OR 剪刀 OR 轴承 OR 密封件 OR 阀 OR 发动机 OR 引擎 OR 燃烧室 OR 汽轮机 OR 气轮机 OR 防弹))/ti	CNABS	503
20	((氧化铝 OR 三氧化二铝 OR 刚玉 OR 氧化锆 OR 氮化硅 OR 碳化硅 OR 碳硅石 OR al2o3 OR zro2 OR si3n4 OR sic) s (刀具 OR 刀片 OR 剪刀 OR 轴承 OR 密封件 OR 阀 OR 发动机 OR 引擎 OR 燃烧室 OR 汽轮机 OR 气轮机 OR 防弹))/ab	CNABS	2485
21	((氧化铝 OR 三氧化二铝 OR 刚玉 OR 氧化锆 OR 氮化硅 OR 碳化硅 OR 碳硅石 OR al2o3 OR zro2 OR si3n4 OR sic) AND ((b32b18/00 OR f16l9/10 OR f16l49/+ OR f23m5/02 OR f24b13/02 OR f28f21/04 OR g21f1/06 OR g21f1/08)/ic/cpc)	CNABS	936
22	((氧化铝 OR 三氧化二铝 OR 刚玉 OR 氧化锆 OR 氮化硅 OR 碳化硅 OR 碳硅石 OR al2o3 OR zro2 OR si3n4 OR sic) p (机械 OR 汽车 OR 车辆 OR 航空 OR 航天 OR 军工 OR 警用 OR 国防))/ab	CNABS	7842
23	19 OR 20 OR 21 OR 22	CNABS	10832
24	23	CNABS	10832
25	(耐高温 OR 耐磨 OR 耐腐蚀 OR 耐化学腐蚀 OR 抗腐蚀 OR 防腐蚀 OR 耐冲刷 OR 耐冲击 OR 抗冲击 OR 耐火 OR 阻燃 OR 耐燃 OR 热膨胀 OR 耐压 OR 抗压 OR 高硬度 OR 高强度 OR 抗形变 OR 抗变形 OR 低蠕变)/ti/ab	CNABS	4161
26	7 OR 10 OR 18 OR 25	CNABS	14758
27	26	CNABS	14758
28	装饰 s 陶瓷	CNABS	317
29	26 NOT 28	CNABS	14441
30	..LIMIT 29	CNABS	14441
31	/IC A01+ OR A21+ OR A22+ OR A24+ OR A41+ OR A42+ OR A43+ OR A44+ OR A45+ OR A46+ OR A47+ OR A61+ OR A62+ OR A63+	CNABS	280
32	29 NOT 31	CNABS	14161
33	..LIMIT 32	CNABS	14161
34	/IC E01H+ OR E03+ OR E04+ OR E05+ OR E06+	CNABS	167
35	32 NOT 34	CNABS	13994
36	/IC/CPC C04B35/46:C04B35/475	CNABS	3144

续表

编号	检索式	所属数据库	命中记录数
37	/IC/CPC C04B35/08	CNABS	18
38	/IC/CPC C04B35/10:C04B35/119	CNABS	3813
39	/IC/CPC C04B35/04:C04B35/053	CNABS	627
40	/IC/CPC C04B35/057	CNABS	115
41	/IC/CPC C04B35/48:C04B35/493	CNABS	2697
42	/IC/CPC C04B35/495:C04B35/497	CNABS	1295
43	/IC/CPC C04B35/505	CNABS	328
44	/IC/CPC C04B35/453	CNABS	770
45	/IC/CPC C04B35/45 OR C04B35/50:C04B35/505	CNABS	1518
46	OR 36,37,38,39,40,41,42,43,44,45	CNABS	11859
47	OR 介电,电介质,铁电,压电,半导体,导电,电导,超导	CNABS	733009
48	((OR 电容,微波,传感,超声换能,谐振,滤波,温度补偿,自控加热,电流吸收,噪声消除,避雷,电热,电阻) W (器 OR 元件)) OR 电解质 OR 燃料电池 OR PTC OR 热敏电阻 OR 微波介质 OR 微波陶瓷	CNABS	1081991
49	(用 20D 电子) AND (用 S 电子)	CNABS	391159
50	46 AND 47	CNABS	4885
51	46 AND 48	CNABS	3593
52	46 AND 49	CNABS	1143
53	50 OR 51 OR 52	CNABS	5976
54	/IC/CPC H01C	CNABS	8846
55	/TI/KW 陶瓷	CNABS	115366
56	54 AND 55	CNABS	1244
57	/IC/CPC H01G	CNABS	24813
58	57 AND 55	CNABS	2746
59	56 OR 58	CNABS	3767
60	/IC/CPC C04B33/+ OR C04B35/+ OR C04B37/+ OR C04B38/+ OR C04B41/+	CNABS	48384
61	/TI/KW OR 介电,电介质,铁电,压电,半导体,导电,电导,超导	CNABS	463826
62	/TI/KW ((OR 电容,微波,传感,超声换能,谐振,滤波,温度补偿,自控加热,电流吸收,噪声消除,避雷,电热,电阻) W (器 OR 元件)) OR 电解质 OR 燃料电池 OR PTC OR 热敏电阻 OR 微波介质 OR 微波陶瓷	CNABS	224046
63	(60 AND 61) OR (60 AND 62)	CNABS	7552
64	/TI 陶瓷	CNABS	59949
65	64 AND (61 OR 62)	CNABS	10495

续表

编号	检索式	所属数据库	命中记录数
66	陶瓷/frec>3	CNABS	70996
67	65 AND 66	CNABS	9192
68	53 OR 59 OR 63 OR 67	CNABS	15514
69	/ic/cpc C04B35/26+ OR C04B35/28+ OR C04B35/30+ OR C04B35/32+ OR C04B35/34+ OR C04B35/36+ OR C04B35/38+ OR C04B35/40+	CNABS	2147
70	/ti/ab/clms (陶瓷 OR 瓷体 OR 瓷粉 OR 瓷料) 4d (磁化 OR 磁性 OR 磁功能 OR 软磁 OR 硬磁 OR 永磁 OR 旋磁 OR 磁致伸缩)	CNABS	514
71	/ti/ab/clms (陶瓷 OR 瓷体 OR 瓷粉 OR 瓷料) s 铁氧体	CNABS	310
72	/ti/ab/clms ((陶瓷 OR 瓷体 OR 瓷粉 OR 瓷料) s (氧化铁 OR 四氧化三铁 OR 三氧化二铁 OR fe3o4 OR fe2o3)) NOT (颜料 OR 着色 OR 上色 OR 染料)	CNABS	931
73	/ti/ab/clms (磁化 OR 磁性 OR 磁功能 OR 软磁 OR 硬磁 OR 永磁 OR 旋磁 OR 磁致伸缩) 4d 铁氧体	CNABS	2593
74	/ti/ab/clms ((磁化 OR 磁性 OR 磁功能 OR 软磁 OR 硬磁 OR 永磁 OR 旋磁 OR 磁致伸缩) s (氧化铁 OR 四氧化三铁 OR 三氧化二铁 OR fe3o4 OR fe2o3) s (烧结 OR 煅烧 OR 烧制 OR 热压 OR 压制)) NOT (颜料 OR 着色 OR 上色 OR 染料)	CNABS	102
75	69 OR 70 OR 71 OR 72 OR 73 OR 74	CNABS	3146
76	/ic/cpc C04B35/115	CNABS	102
77	(光功能 OR 光学) 2d (陶瓷 OR 瓷体 OR 瓷粉 OR 瓷料)	CNABS	200
78	(透明 OR 透光 OR 荧光 OR 光传输 OR 闪烁) 2d (陶瓷 OR 瓷体 OR 瓷粉 OR 瓷料)	CNABS	1979
79	(反光 OR 激光) d (陶瓷 OR 瓷体 OR 瓷粉 OR 瓷料)	CNABS	204
80	(光转换 OR 波长转换) 5d (陶瓷 OR 瓷体 OR 瓷粉 OR 瓷料)	CNABS	109
81	(红外透过 OR 透红外) s (陶瓷 OR 瓷体 OR 瓷粉 OR 瓷料)	CNABS	34
82	/ic/cpc C04B35	CNABS	32318
83	/ti/kw/clms 透明 OR 透光 OR 荧光 OR 光传输 OR 闪烁 OR 反光 OR 激光 OR 光转换 OR 波长转换 OR 红外透过 OR 透红外	CNABS	724082
84	82 AND 83	CNABS	2307
85	76 OR 77 OR 78 OR 79 OR 80 OR 81 OR 84	CNABS	4122
86	/cpc A61F2310/00592:A61F2310/00664	CNABS	1
87	/cpc A61F2310/00179:A61F2310/00323	CNABS	2

编号	检索式	所属数据库	命中记录数
88	/cpc A61F2310/00796	CNABS	0
89	A61F2/28+ /cpc OR A61F2/30+ /cpc OR A61F2/2418/cpc	CNABS	24
90	OR 生物陶瓷,生物玻璃陶瓷, 生物医学陶瓷, 生物活性陶瓷, 生物降解陶瓷,陶瓷牙,陶瓷关节,陶瓷骨	CNABS	1192
91	OR 陶瓷,磷酸钙,磷酸三钙,磷酸四钙,磷酸八钙, 磷灰石 ,羟基磷灰石,二氧化硅,氧化钙,二氧化钛,氧化铬,铬氧化物,氧化铬,二氧化铬,三氧化铬,氧化锆,锆氧化物,二氧化锆,钽氧化物,二氧化铪,铪氧化物,碳化硅,氮化硅,氮化钛,Ceramic+, silica , silicon oxide , calcia , calcium oxide , titania , titanium oxide, chromia , chromium oxides , cro , cro2 , cro3 , zirconia, zirconium oxide, zro2 ,niobium oxide,hafnia , hafnium oxide,tantalum oxide, metal borides,boron carbide, silicon carbide,titanium carbide,phosphorus,apatite, aluminium nitride,silicon nitride,titanium nitride, aluminium oxide	CNABS	625990
92	/IC OR A61F2/02,A61F2/18,A61F2/28,A61F2/30+,A61F2/54, A61F2/60+, A61B17/56+,A61L27/00,A61L27/10,A61L27/12, A61L27/30,A61L27/32,A61K6/033,A61C13/00+	CNABS	17319
93	91 AND 92	CNABS	3671
94	OR 生物,医,病,患者,人工牙,人工骨, 人工关节, 假体,耳骨, 关节,人工假体,脊椎,骨骼,牙科,牙根,牙冠,整形,股骨,吸收骨,齿根, 骨柄,骨臼,骨头,治疗骨	CNABS	1209595
95	/ic OR C04B35+,C04B35/64,C04B35/584,C04B38/00,C01B25/26	CNABS	34266
96	94 AND 95	CNABS	1938
97	OR 86,87,88,89,90,93,96	CNABS	6029
98	(OR 生物,医用,医药,关节,假体,脊椎,骨骼,牙科,牙根,牙冠,整形术) 2d 陶瓷	CNABS	1488
99	OR 衍生物,农业,微生物,下水,生物细胞,芯片,压电	CNABS	796547
100	(97 OR 98) NOT 99	CNABS	5454
101	OR orthopaedics,骨科,skeleton?,假体,义肢,prosth+,dental, denture?, denlture?,牙种植体,义肢,口腔科	CNABS	66586
102	101 AND 95	CNABS	409
103	100 OR 102	CNABS	5622
104	35 NOT (68 OR 75 OR 85 OR 103)	CNABS	12354
105	4 OR 104	CNABS	18459

▶▶ **生物陶瓷**

检索要素表			
	生物陶瓷 Ceramic?	生物玻璃陶瓷 生物医学陶瓷 生物活性陶瓷 生物降解陶瓷 bio-ceramic，biodegradable，bio-inactive，Medical，biocompatible，bioresorbable，Implantable，Bioabsorbable，bioactive，surgical，	多孔陶瓷 多孔质陶瓷
	陶瓷牙 陶瓷关节	人工牙 人工骨 人工关节 假体 耳骨 关节 吸收骨 Implant，artificial，bone，prosthesis，Dental，artificial tooth，tibial，living being?，Acromial，knee，Intervertebral，spine，Spinal，vertebrae	
1	氧化铝 Al2O3		
2	氧化锆 ZrO2		
3		磷酸钙（磷酸三钙 磷酸四钙 磷酸八钙）磷灰石 羟基磷灰石 Hap Phosphate，calcium phosphate，Ca phosphate，	
4	涂层类	氧化物陶瓷涂层 应用在齿根，关节，骨柄，骨臼，骨头	
		非氧化物陶瓷涂层，应用在关节，股骨，杯	
		涂层形成方法 1 等离子喷涂 2 离子束溅射沉积 3 电泳沉积 4 烧结涂层	
5	复合材料	1 羟基磷灰石+生物玻璃	
		2 羟基磷灰石+高强惰性生物陶瓷	
		3 羟基磷灰石+磷酸三钙	
		4 陶瓷+有机聚合物	
		5 陶瓷+金属系统	

IPC 分类号	
A61F2/02	植入假体
A61F2/18	耳内
A61F2/28	骨骼
A61F2/30+	关节
A61F2/54	人造臂，手
A61F2/60+	人造腿
A61B17/56+	治疗骨，接骨
A61L27/00	假体材料
A61L27/10	陶瓷或玻璃

续表

IPC 分类号	
A61L27/12	磷灰石
A61L27/30	无机材料；
A61L27/32	磷灰石；
A61K6/033	牙科磷化合物，如磷灰石
A61C13/00+	假牙
C04B35/00	以成分为特征的陶瓷成型制品；陶瓷组合物
C04B 35/64	焙烧或烧结工艺
C04B 35/584	以氮化硅为基料的
C04B 38/00	陶瓷制品
C01B 25/26	磷酸盐

CPC	
A61F2/07	支架移植物
A61F2002/072	封装支架，如金属丝或整个支架嵌入衬套
A61F2002/0835	具有锚定物部件的变形，例如固定螺钉所致的销钉的膨胀
A61F2002/0864 A61F2002/0876 A61F2002/0882	和肌腱成一体的锚定物，如骨块，集成环
A61F2/2418	架子，例如支撑支架
A61F2/28+	骨骼
A61F2/30+	关节
A61F2310/00179	由特殊材料制成的假体：陶瓷或类似陶瓷的结构
	silica OR silicon oxide 含二氧化硅
	calcia OR calcium oxide 含氧化钙
	titania OR titanium oxide 含二氧化钛或钛氧化物
	chromia OR chromium oxides cro or cro2 OR cro3 含氧化铬或铬氧化物，氧化铬，二氧化铬，三氧化铬
	zirconia OR zirconium oxide ZrO2 含有氧化锆或锆氧化物，二氧化锆
	niobium oxide 含有钽氧化物
	hafnia OR hafnium oxide 含有二氧化铪，铪氧化物
	tantalum oxide 含有钽氧化物
	metal borides 基于金属硼化物

续表

	bORon carbide 含碳化硼
	silicon carbide 含碳化硅
	titanium carbide 含碳化钛
A61F2310/00293	phosphorus-containing compound，e.g. apatite 含有含磷化合物，例如磷灰石
	aluminium nitride 含有氮化铝
	silicon nitride 含有氮化硅
A61F2310/00323	titanium nitride 含有氮化钛
A61F2310/00592	涂层或假体覆盖结构由陶瓷或陶瓷类化合物制成
A61F2310/00598 A61F2310/00604 A61F2310/0061 A61F2310/00616 A61F2310/00622 …… A61F 2310/00664	
A61F2310/00796	涂层或假体覆盖结构由含磷化合物制成，例如羟基（I）磷灰石

生物陶瓷检索过程如下：

	外文库 VEN		
编号	检索式	所属数据库	命中记录数
1	/cpc A61F2310/00592:A61F2310/00664	VEN	919
2	/cpc A61F2310/00179:A61F2310/00323	VEN	5379
3	/cpc A61F2310/00796	VEN	2462
4	OR 1,2,3 //cpc 精确检索	VEN	7379
5	A61F2/28 /cpc	VEN	4324
6	A61F2/28+ /cpc	VEN	5475
7	A61F2/28+ /cpc OR A61F2/30+ /cpc OR A61F2/2418/cpc	VEN	20140
8	OR Ceramic+，silica，silicon oxide，calcia，calcium oxide，titania，titaniumoxide，chromia，chromium ox ides，cro，cro2，cro3，zirconia，zirconium oxide，zro2 ,niobium oxide,hafnia，hafnium oxide,tantalum oxide, metal borides,boron carbide,silicon carbide,titanium carbide,phosphorus,apatite,aluminium nitride,silicon nitride,titanium nitride,aluminium oxide //陶瓷关键词	VEN	1645143
9	7 AND 8 //cpc 医疗分类号 AND 陶瓷关键词	VEN	2026

	外文库 VEN		
编号	检索式	所属数据库	命中记录数
10	/IC OR A61F2/02,A61F2/18,A61F2/28,A61F2/30+,A61F2/54, A61F2/60+, A61B17/56+,A61L27/00,A 61L27/10,A61L27/12, A 61L2 7/30,A61 L27/32,A61K6/033,A61C13/00+	VEN	126769
11	8 AND 10　　//IC 医疗分类号 AND 陶瓷关键词	VEN	10938
12	OR Biolite, Biocompatible, biol?????,medical,medicare , tissue, bone, knee joints,dental, implant,prosthesis //医疗 关键词	VEN	1369978
13	/ic OR C04B35+,C04B35/64,C04B35/584,C04B38/00,C01B25/26　　//IC 陶瓷分类号	VEN	223402
14	12 AND 13 //IC 陶瓷分类号 AND 医疗关键词	VEN	3427
15	OR 4,9,11,14 //关键词全部结果	VEN	18996
16	OR bio-ceramic ,biodegradable, bio-inactive ,Medical, biocompatible, bioresorbable,Implantable, Bioabsorbable , bioactive, surgical	VEN	881367
18	Ceramic?	VEN	627377
20	16 AND 18 //关键词：陶瓷 AND 医学生物	VEN	12544
21	15 OR 20	VEN	28142
22	OR derivant,agriculture,microb+,groundwater,cellulose,degradation,fertilizer,manure,pigment?, purified air //去噪	VEN	1295132
23	21 NOT 22	VEN	25579
24	OR orthopaedics,skeleton?,prosth+,dental, denture?, denlture? //补充刘倩关键词	VEN	261127
25	24 AND 13	VEN	1949
26	OR 23 ,25 //补充后结果	VEN	26445

	中文库 CNABS		
编号	检索式	所属数据库	命中记录数
1	/cpc A61F2310/00592:A61F2310/00664	CNABS	1
2	/cpc A61F2310/00179:A61F2310/00323	CNABS	2
3	/cpc A61F2310/00796	CNABS	0
4	A61F2/28+ /cpc OR A61F2/30+ /cpc OR A61F2/2418/cpc	CNABS	19
5	OR 生物陶瓷,生物玻璃陶瓷, 生物医学陶瓷, 生物活性陶瓷, 生物降解陶瓷,陶瓷牙, 陶瓷关节,陶瓷骨 //精确检索	CNABS	1157
6	OR 陶瓷,磷酸钙,磷酸三钙,磷酸四钙,磷酸八钙, 磷灰石,羟基磷灰石,二氧化硅,氧化钙,二氧化钛,氧化铬,铬氧化物,氧化铬,二氧化铬,三氧化铬,氧化锆,锆氧化物,二氧化锆,钽氧化物,二氧化铪,铪氧化物,碳化硅,氮化硅,氮化钛,Ceramic+ , silica , silicon	CNABS	611223
7	/IC OR A61F2/02,A61F2/18,A61F2/28,A61F2/30+,A61F2/54, A61F2/60+, A61B17/56+,A61L27/00,A61L27/10,A61L27/12, A61L27/30,A61L27/32,A61K6/033,A61C13/00+	CNABS	17127

中文库 CNABS

编号	检索式	所属数据库	命中记录数
8	32 AND 33 //IC 医疗分类号 AND 陶瓷关键词	CNABS	3627
9	OR 生物,医,病,患者,人工牙,人工骨，人工关节，假体，耳骨，关节,人工假体,脊椎,骨骼,牙科,牙根,牙冠,整形,股骨,吸收骨,齿根,骨柄,骨臼,骨头,治疗骨	CNABS	1188874
10	/ic OR C04B35+,C04B35/64,C04B35/584,C04B38/00,C01B25/26	CNABS	33529
11	35 AND 36 //IC 陶瓷分类号 AND 医疗关键词	CNABS	1885
12	OR 27,28,29,30,31,34,37	CNABS	5913
13	(OR 生物,医用,医药,关节,假体,脊椎,骨骼,牙科,牙根,牙冠,整形 术) 2d 陶瓷 //精确检索	CNABS	1460
14	OR 衍生物,农业,微生物,下水,生物细胞,芯片,压电	CNABS	782756
15	(38 OR 39) NOT 40 //去噪得到最终结果	CNABS	5342
16	OR orthopaedics,骨科,skeleton?,假体,义肢,prosth+,dental, denture?, denlture?,牙种植体,义肢,口腔科 //补充刘倩关键词	CNABS	64539
17	42 AND 36	CNABS	400
18	41 OR 43 //补充后结果	CNABS	5504

▶▶ 磁功能陶瓷

检索要素表达形式		基本检索要素1（主题）	基本检索要素2（功能）	基本检索要素3（材料）	基本检索要素4（制备工艺）	基本检索要素5（制品）	基本检索要素5（应用）
		陶瓷	磁	铁氧体,	烧结	磁性元件	电子信息
分类号		/ic/cpc/ECLA C04B35		/ic/cpc C04B35/26+, C04B35/28+, C04B35/30+, C04B35/32+, C04B35/34+, C04B35/36+, C04B35/38+, C04B35/40+; ECLA/ C04B35/26+ /Ft 4G018	B28B B02B11/00, C04B41/80	H01	
关键词	中文	陶瓷，瓷体，瓷粉，瓷料	磁化，磁性，磁功能,软磁，硬磁，永磁，旋磁，磁致伸缩	铁氧体，四氧化三铁，三氧化二铁，fe3o4 ，fe2o3	烧结，煅烧，烧制；热压，压制	磁感，磁通	电子,计算机,自动控制
	英文	Ceramic?	magneti??	ferrite?, Ferric, ferrous, fe3o4 ，fe2o3	sinter???, compact+, pressing	magnetic w induc+	electro+

数据库：CNABS，CPRSABS，VEN

183

检索式编号	检索式	目标数据库	命中数（件）	结果数	检索策略	基础检索式编号
1	/ic/cpc C04B35/26+ OR C04B35/28+ OR C04B35/30+ OR C04B35/32+ OR C04B35/34+ OR C04B35/36+ OR C04B35/38+ OR C04B35/40+	CNABS	2129	--	常规检索	
2	/ti/ab/clms（陶瓷 OR 瓷体 OR 瓷粉 OR 瓷料）4d（磁化 OR 磁性 OR 磁功能 OR 软磁 OR 硬磁 OR 永磁 OR 旋磁 OR 磁致伸缩）	CNABS	515	--	常规检索	
3	/ti/ab/clms（陶瓷 OR 瓷体 OR 瓷粉 OR 瓷料）s 铁氧体	CNABS	311	--	常规检索	
4	/ti/ab/clms（（陶瓷 OR 瓷体 OR 瓷粉 OR 瓷料）s（氧化铁 OR 四氧化三铁 OR 三氧化二铁 OR fe3o4 OR fe2o3））NOT（颜料 OR 着色 OR 上色 OR 染料）	CNABS	911	--	常规检索	
5	/ti/ab/clms（磁化 OR 磁性 OR 磁功能 OR 软磁 OR 硬磁 OR 永磁 OR 旋磁 OR 磁致伸缩）4d 铁氧体	CNABS	2599	--	常规检索	
6	/ti/ab/clms（（磁化 OR 磁性 OR 磁功能 OR 软磁 OR 硬磁 OR 永磁 OR 旋磁 OR 磁致伸缩）s（氧化铁 OR 四氧化三铁 OR 三氧化二铁 OR fe3o4 OR fe2o3）s（烧结 OR 煅烧 OR 烧制 OR 热压 OR 压制））NOT（颜料 OR 着色 OR 上色 OR 染料）	CNABS	102	--	常规检索	
7	1 OR 2 OR 3 OR 4 OR 5 OR 6	CNABS	3124	--	常规检索	
8	/ic/cpc/ec/fi C04B35/26+ OR C04B35/28+ OR C04B35/30+ OR C04B35/32+ OR C04B35/34+ OR C04B35/36+ OR C04B35/38+ OR C04B35/40+	VEN	11888		常规检索	
9	/ft 4G018	VEN	705		常规检索	
10	/ti/kw magneti?? 5d ceramic?	VEN	2436		常规检索	
11	/ti/kw magneti?? s ferrite?	VEN	9687		常规检索	
12	/ti/kw（magneti?? 5d（Ferric OR ferrous OR fe3o4 OR fe2o3））NOT（pigment OR dye+ OR colo?r OR paint+）	VEN	2398		常规检索	
13	8 OR 9OR 10OR 11 OR 12	VEN	24007		常规检索	
14	ss 7 转库 AND 淄博/aa	CPRSABS	11		常规检索	

▶▶ 光功能陶瓷

数据库：CNABS，CPRSABS，VEN

检索要素表达形式		基本检索要素1（主题）	基本检索要素2（功能）	基本检索要素3（材料）	基本检索要素4（制备工艺）	基本检索要素5（制品）	基本检索要素5（应用）
		陶瓷	光功能		烧结	灯，光源，镜片，激光元件	光学，国防军工，电子信息
分类号		/ic/cpc/EC/fi C04B35		/ic/cpc C04B35/115；/ft 4G030/BA14：4G030/BA16	/ic/cpcB28B，/ic/cpc B02B11/00，/ic/cpcC04B41/80（B24B7 OR B24B9 OR B29K309 OR B29K509 OR B29K709 OR B32B18OR B28B OR B02B11 OR C04B41）		
关键词	中文	陶瓷，瓷体，瓷粉，瓷料	光功能；透明，透光；激光，闪烁；荧光，光传输，反光，光转换，波长转换，红外透过，透红外		烧结，煅烧，烧制；热压，压制		
	英文	Ceramic?	optic+，light，photo；transparen+，transluc+，permeab+，transmit+，photopermeab+，transmis+，transpORt+，transfer+，convey+，fluORescen+，scintillat+，reflect+，laser，wavelength，convert+，convers+，infrared，IR				

检索式编号	检索式	目标数据库	命中数（件）	检索策略
1	/ic/cpc C04B35/115	CNABS	99	
2	（光功能 OR 光学）2d（陶瓷 OR 瓷体 OR 瓷粉 OR 瓷料）	CNABS	199	常规检索
3	（透明 OR 透光 OR 荧光 OR 光传输 OR 闪烁）2d（陶瓷 OR 瓷体 OR 瓷粉 OR 瓷料）	CNABS	1961	常规检索
4	（反光 OR 激光）d（陶瓷 OR 瓷体 OR 瓷粉 OR 瓷料）	CNABS	204	常规检索
5	（光转换 OR 波长转换）5d（陶瓷 OR 瓷体 OR 瓷粉 OR 瓷料）	CNABS	108	常规检索
6	（红外透过 OR 透红外）s（陶瓷 OR 瓷体 OR 瓷粉 OR 瓷料）	CNABS	33	常规检索
7	/ic/cpc C04B35	CNABS	31769	常规检索
8	/ti/kw/clms 透明 OR 透光 OR 荧光 OR 光传输 OR 闪烁 OR 反光 OR 激光 OR 光转换 OR 波长转换 OR 红外透过 OR 透红外	CNABS	714432	常规检索
9	7 AND 8	CNABS	2280	常规检索
10	1 OR 2 OR 3 OR 4 OR 5 OR 6 OR 9	CNABS	4082	常规检索
11	/ic/cpc/ec/fiC04B35/115	VEN	624	常规检索
12	/ft 4G030/BA14：4G030/BA16	VEN	1634	常规检索
13	（optic+ OR light OR photo OR transparen+ OR transluc+ OR （（photo OR light）2d（permeab+ OR transmit+）） OR photopermeab+ OR （（optic+ OR light OR photo）2d（transmis+ OR transport+ OR transfer+ OR convey+）） OR fluorescen+ OR scintillat+）2d ceramic?	VEN	9194	常规检索
14	（（（photo OR light）2d reflect+） OR laser）1d ceramic?	VEN	767	常规检索
15	（（photo OR light OR wavelength）2d（convert+ OR convers+））5d ceramic?	VEN	242	常规检索
16	（（infrared OR IR）2d（permeab+ OR transmit+））s ceramic?	VEN	174	常规检索
17	/ic/cpc/ec/fi c04b35	VEN	222235	常规检索
18	/ti/kw （transparen+ OR transluc+ OR （（photo OR light）2d（permeab+ OR transmit+）） OR photopermeab+ OR （（optic+ OR light OR photo）2d（transmis+ OR transport+ OR transfer+ OR convey+）） OR fluorescen+ OR scintillat+） OR （（photo OR light）2d reflect+） OR （（photo OR light OR wavelength）2d（convert+ OR convers+）） OR （（infrared OR IR）2d（permeab+ OR transmit+））	VEN	598396	常规检索
19	17 AND 18	VEN	2871	
20	11 OR 12 OR 13 OR 14 OR 15 OR 16 OR 19	VEN	13039	常规检索

参 考 文 献

［1］张伟儒．先进陶瓷材料研究现状及发展趋势［J］．新材料产业，2016，（1）：2-8．

［2］江东亮等．中国材料工程大典第 8 卷-无机非金属材料工程（上）［M］．北京：化学工业出版社，2006：9-501．

［3］新材料在线．全方位解读先进陶瓷．［2016-09-22］．http://www.xincailiao.com.

［4］曹勇．企业专利诉讼模式与专利战略关联性研究［J］．中国科技论坛，2011，（8）：67-72．

［5］李明星．转型升级背景下小微企业专利融资模式创新研究［J］．科技进步与对策，2013，30（18）：138-142．

［6］谭新民．以高校、科研机构结合企业进行专利运营的模式探讨［J］．中国发明与专利，2016（2）：25-26．